权威专家的
日本葡萄考察手记

日本葡萄高品质栽培技术手册

赵常青 蔡之博 编著

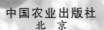

中国农业出版社
北京

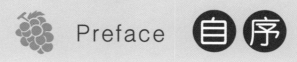

Preface 自序

　　我国葡萄产业经过近30年的飞速发展，鲜食葡萄的产量已跃居世界第一位。在发展的过程中不断吸取国外先进经验与技术，并加以同化和创新，进一步推动了我国葡萄产业的发展。由于我国大部分葡萄产区所处雨热同季的自然环境，且生产经营以家庭为主，规模较小，与优质葡萄生产强国——日本的栽培条件与经营规模相似，所以受其影响很多，其中既有品种上的影响，如20世纪90年代巨峰、藤稔的推广，近年来阳光玫瑰葡萄的快速发展；也有栽培模式的影响，如避雨栽培、生草栽培和根域限制栽培等。

　　自改革开放以来，沈阳市林业果树科学研究所（作者所在单位）不断与日本葡萄同行进行交流。早在1985年，时任沈阳市市长李长春到日本札幌访问，带回一批抗寒葡萄品种资源，存放于我所，从此我所以该资源为基础，开始从事葡萄育种及栽培方面研究。20世纪90年代开始，与日本植原葡萄研究所、中山葡萄园开展书信往来，了解日本葡萄发展新动向、新技术、新材料、新设备。

　　2015年及2017年，作者随沈阳农业大学园艺学院葡萄团队参加在日本举行的国际葡萄学术研讨会，先后对千叶大学园艺系、山梨县果树试验场、植原葡萄研究所、中山葡萄园、大田葡萄市场及日本葡萄重点产区（山梨县及山形县）的百余个葡萄园进行了详尽的考察。考察所到之处，见闻与收获颇多，亲身体验到日本葡萄生产的标准化和优质化。考察归国后撰写了《日本葡萄考察后记》（内部资料），并在网络举办交流讲座，引起了业内人士的热烈反响，期望将其正式出版发行。为满足读者的需求，促进我国葡萄产业向质量型、可持续型发展，编写本书——《日本葡萄高品质栽培技术手册》，供葡萄生产者及爱好者参考。

　　本书通过九章讲述了日本鲜食葡萄的产业概况、主栽品种、栽培技术模式、病虫害综合防控技术、采收包装与市场及葡萄文化。详细介绍了日本葡萄生产实际，着重介绍了"阳光玫瑰"葡萄的栽植技术与要点。但由于考察时间较短，没能亲历生产的各个环节，很多资料编译自日本葡萄相关网站和书籍，也有少部分资料选自国内所发表的相关文章，同时由于作者视野及水平所限，难免有不当之处，敬请读者提出宝贵意见。

　　本书的编写成功，衷心感谢沈阳农业大学郭修武、郭印山等老师的精心安排，感谢日本千叶大学近藤悟教授的盛情邀请，感谢林洪博士等驻日留学生的翻译与向导，感谢在日本生活的刘晋宁等同胞给予的帮助，感谢山梨县果树试验场、植原葡萄研究所、中山葡萄园、山梨县农协等日本葡萄产业界同行及葡萄生产者的热情接待，感谢国内同行提供的部分照片资料。衷心感谢沈阳农业大学严大义教授、郭印山教授对本书稿的审阅及提出的宝贵意见！

沈阳市林业果树研究所

赵常青（13019365767）

蔡之博（13898190579）

2021 年 10 月 20 日

 Contents 目录

自序

第一章

葡萄生产概况

日本是世界优质葡萄生产国，无论在新品种选育、栽培技术创新，还是产业化发展方面均位于世界前列。其葡萄果实品质优异，包装精美，运销畅达，产销平衡，在东亚地区有着重要的影响。

一、气候环境与葡萄栽培历史

1.气候条件

日本属于温带海洋性季风型气候，夏季全国气温普遍较高，降水充沛。主要分为北海道气候区（夏凉冬寒，降水少，受梅雨、台风影响小）、日本海沿岸气候区（冬雪夏雨）、内陆气候区（受季风影响，降水少，昼夜温差大）、太平洋沿岸气候区（受海洋影响，夏多雨、酷热、多雾，冬暖，多受台风影响）、濑户内海气候区（四周多山，丽日少雨）等。

从葡萄分布上看，北海道气候区葡萄栽培面积小，其他气候区种植面积较大，但分布不均衡。北海道纬度高（与我国东北相仿），气候寒冷，且降雪量大，但属于海洋气候，露地栽培葡萄同样可安全越冬。

日本高温多雨的气候特点，是发展抗病性强、花芽分化容易的巨峰等欧美杂交种品种的主要原因，同时也是发展设施栽培的动因。我国广大东部及长江以南地区，与日本气候相似，已经借鉴其发展经验。

2.葡萄栽培历史

自镰仓时代（1183年）初期的甲斐国（现在的山梨县）开始少量种植从中国引进的欧亚种葡萄的后代——甲州，至今已有800多年的栽培历史（图1-1）。

到了大正时代（1912—1926年），从美国和欧洲引进了各种各样的品种主要作为酿酒品种试栽，但多以失败而告终，只有美洲种玫瑰露和欧美杂交种早生康贝尔等作为鲜食兼酿酒品种得以发展，至1935年时，已发展到8 000hm^2。

1941—1945年的第二次世界大战期间，日本葡萄的栽培面积大幅下降。其后在1955—1975年，在政府的鼓励下葡萄栽培面积迅速增长。期间在葡萄种植上应用植物生长调节剂、塑料薄膜和脱毒苗木等新技术，大大促进了葡萄产业的发展。

图1-1　葡萄栽培历史图画（山梨县葡萄博物馆）

到1980年，日本葡萄发展到顶峰，面积达27 900hm^2。后来面积逐年减少，2000年减少到20 000hm^2，到2016年，只剩下17 000hm^2。

日本葡萄树体更新周期长达30～50年，到处都能看到树龄30年以上的大树，体现了日本葡萄文化的传承，也反映出市场的长期稳定与繁荣（图1-2）。作者考察发现，葡萄产区无新建园现象，新植只限于老树更新；也看到许多弃管的葡萄园（图1-3），系人口老龄化无人管理所致。如今政府也出台政策，鼓励年轻人回乡创业。

图1-2　葡萄大树　　　　　　　　图1-3　弃管葡萄园

二、葡萄生产现状

根据日本农林水产省2017年统计，截至2016年末，全国葡萄生产总面积为17 000hm^2，产量179 200t。产量仅次于柑橘、苹果、梨和柿子，位居第五。

日本土地缺乏，葡萄栽培地域以山地、丘陵为主（图1-4）。

图1-4　山地葡萄园

1.产地分布

主要分布于山梨县、长野县、山形县、冈山县、福冈县，列入前5位的县占全国葡萄面积的60%以上，见图1-5。长期以来，各产地都形成了自己的品牌，有的成为日本知名品牌，如山梨巨峰等，全日本闻名。如图1-6。

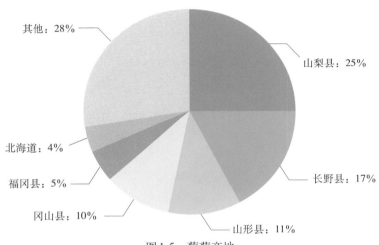

图1-5　葡萄产地

图1-6　山梨巨峰

2.品种构成

日本民众的消费习惯倾向于大粒品种，这一点与我国极其相似，截至2014年，日本葡萄品种构成为：大粒巨峰占32%，先锋占16%，新品种阳光玫瑰已经占5%，小粒品种玫瑰露占19%，早生康贝尔占4%，玫瑰蓓蕾-A占3%。如图1-7。近年来，葡萄新品种阳光玫瑰发展很快。

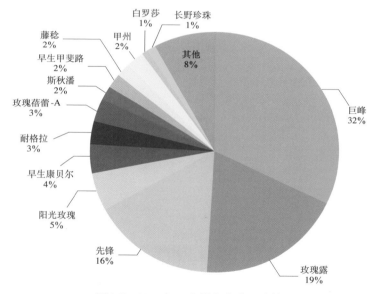

图1-7　2014年日本鲜食葡萄品种构成
（各品种中文名称详见第二章附录）

栽培品种多种多样，90%用于鲜食，10%用于加工，甲州、玫瑰蓓蕾-A等作为鲜食与加工兼用品种。

1980—2016年，日本葡萄栽培面积一直处于递减态势。主栽品种巨峰、玫瑰露面积逐年递减，其中巨峰由6 000多hm²减少到近4 000hm²，先锋面积在缓慢增加，见图1-8。根据农林水产省统计资料，从2008年开始，阳光玫瑰得到快速发展，到2016已经发展到近1 000hm²，每年以20%左右的速度递增（图1-9）。

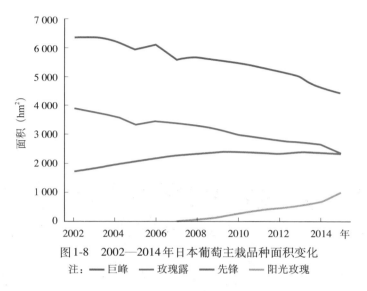

图1-8　2002—2014年日本葡萄主栽品种面积变化

注：── 巨峰　── 玫瑰露　── 先锋　── 阳光玫瑰

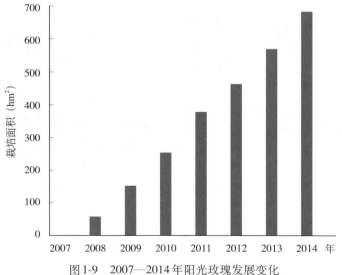

图1-9　2007—2014年阳光玫瑰发展变化

　　根据山梨果树试验场2016年的统计资料，葡萄主产区山梨县阳光玫瑰的上市量仅次于巨峰及先锋，已经位居第三。另据日本最大苗木生产企业植原葡萄研究所资料，2014—2018年，阳光玫瑰苗木销售量连续5年处于首位，都说明了阳光玫瑰的发展势头。

　　3.销售渠道与价格

　　日本葡萄主要在国内进行批发销售，少部分通过观光采摘与网络直销。葡萄的销售价格远远高于其他水果，这是葡萄生产者所骄傲的（图1-10）。

图1-10　葡萄市场价格

分析2002—2017年葡萄价格走势，没有大的波动，但一直上升。如巨峰价格从每千克666日元上升到934日元，15年上涨了40%，玫瑰露与先锋价格也不同程度的上涨。

葡萄新品种阳光玫瑰深受消费者青睐，从开始推广以来，价格一直处于攀升阶段，2011年为每千克1 257日元，到2018年上涨到1 879日元，7年上涨约50%（图1-11）。

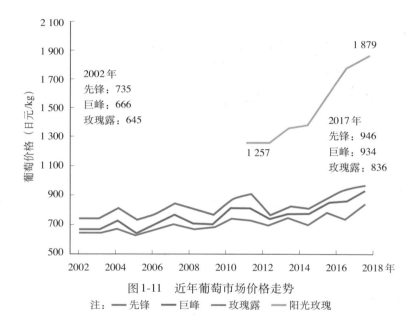

图1-11　近年葡萄市场价格走势

注：■ 先锋　■ 巨峰　■ 玫瑰露　■ 阳光玫瑰

观光采摘与网络直销，其价格更高，逐渐成为新的销售模式（图1-12）。

日本不是葡萄出口大国。2002年前，仅出口中国香港，且数量很少，一直没有突破50t；2002年后，开始出口到中国台湾地区和新加坡等地。2006年，葡萄出口量达到269t，其中大部分出口到中国台湾地区，约占总量的66%。前几年，日本葡萄已较大量出口祖国大陆（主要品种为阳光玫瑰），而且增加势头强劲（图1-13）。但如今，我国阳光玫瑰葡萄产量大幅提升后，出口量迅速回落。

图1-12　直　销

图1-13　包装出口葡萄（阳光玫瑰）

　　日本是葡萄进口大国，所进口葡萄主要产自南半球的智利、阿根廷及澳大利亚等国，利用其与北半球的时间差，满足日本冬季对鲜食葡萄的需求；同时也进口美国葡萄。多年来，日本进口葡萄数量有增加的趋势，但有一定的波动（图1-14）。

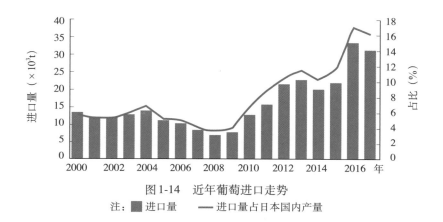

图1-14　近年葡萄进口走势

注：■ 进口量　—— 进口量占日本国内产量

根据2016年统计，进口葡萄的平均价格每千克约800日元，低于日本自产葡萄平均每千克934日元的价格（图1-15）。

图1-15　进口葡萄价格（每500g包装价格398日元）

三、葡萄应用领域的技术创新

1. 植物外源激素（简称"激素"）的发明与应用

20世纪50年代末，赤霉酸诱导玫瑰露葡萄的无核生产获得成功，成为20世纪葡萄产业最伟大的技术发明之一。半个多世纪以来，该技术得到进一步发展，连同80年代初期发现的链霉素诱导无核方法，成为有核品种无核化系列技术。80年代中期，又发现人工合成细胞分裂促进剂CPPU，可以显著促进果实膨大。

赤霉素被成功应用于诱导无核结实（图1-16）和促进浆果的膨大，大大促进了世界葡萄产业的发展。

图1-16　无核化葡萄（左：阳光玫瑰；右：玫瑰露）

2. 葡萄避雨栽培的研究与推广

日本葡萄设施栽培起步早，1886年大森熊太郎和山内善男开始试验用玻璃温室栽培葡萄，获得成功。随着塑料薄膜的应用，进一步推动了设施葡萄产业的发展，到2000年日本设施葡萄面积已占全部葡萄栽培面积的50%以上，主要集中在冈山县、山形县等产区，2016年日本设施葡萄面积约占葡萄总面积的70%，为世界葡萄设施栽培大国。

在设施类型中，单体大棚及连栋大棚面积最大，主要集中在日本北部地区（图1-17）。

为了实现促早栽培，双层膜连栋大棚得到普及，大大提早了葡萄上市期，增加了农民收入（图1-18）。

图1-17 大棚（左：单体大棚；右：连栋大棚）

图1-18 （双层膜）连栋大棚

大棚设施都是组装式，配件由专业厂家生产，材料以热浸锌钢材为主，经久耐用，体现出日本后工业时代对农业的影响。

葡萄通过设施栽培，可规避冰雹、霜冻等自然灾害，也能缓解风害。还可以使葡萄叶片和果穗免受病害侵染，便于在雨季完成一些重要的农事操作，如赤霉素处理和喷施化学药剂等，同时设施还可有效调节葡萄产期。

3.无病毒栽培

栽培中采用无病毒苗木（图1-19），对提高葡萄生长速度和果实品质起到了促进作用。

图1-19　脱毒苗培育

四、葡萄产业特点

日本国土资源有限，葡萄园规模小，但是产业化程度高，政策支持体系完善，葡萄产业具有鲜明的特点。

1.家庭化、集约化经营

日本葡萄生产以小规模家庭管理为主，很少雇佣劳动力或只在一些特殊时期雇佣短期操作工人，每1 000m² 常规管理平均所需的劳动时间为300～400h。但日本常受梅雨和台风等自然灾害侵扰，葡萄管理还需要额外的劳动力投入。为了达到优质葡萄生产的目标，逐渐形成了专业化、标准化、设施化及机械化等集约化特点（图1-20）。

图1-20　设施葡萄园（四周设置防风网）

2000—2015年，农户经营葡萄园规模逐渐扩大，其经营面积由3 400m^{2}发展到4 000m^2。

日本葡萄从业人员主体为60岁以上的老人（图1-21），缺乏年轻人，伴随人口进一步老龄化，许多葡萄园由于没有年轻人接续经营而荒废。

图1-21　从事农事作业的老人

虽然劳动力匮乏，但较高的机械化水平在一定程度上弥补了其不足。目前已在土壤管理、除草、喷药、肥水管理、果品运输、分级等环节实现了机械化，同时很多作业工具如修枝剪、疏果剪、采摘平台等都达到了世界先进水平。

2. 政府补贴高，农协作用强大

日本政府对农业的支持力度很大，果品补贴率高达50％～65％，果园周围设施、果品直销市场大都是政府投资，大棚等设施、农机具等均享受政府补贴。围绕农业生产所用的电能、柴油等所耗资金（统称"光热动力费"），政府也给予补贴。

家庭经营与农协的社会化服务相结合，是日本农业的显著特征。农协分为镇、县农协以及全国联合会三级，同行政设置完全吻合。99％农民缴纳会费成为会员。农协不仅负责组织农业生产、经营生产资料、出售农产品，而且起到政府和农户之间的桥梁作用（图1-22）。

图1-22 葡萄上市前农协检测分级

3. 多种栽培模式并行

现今日本葡萄栽培模式主要有促早和延后栽培、避雨栽培、限根栽培等，以满足优质、安全、高效的要求（图1-23）。

图1-23 规模化大棚避雨栽培（山形县）

4.产业标准化程度高

大力推行标准化栽培模式，在棚架设施、架式、株行距、整形修剪、施肥（种类、数量、次数）、浇水、葡萄园生草和除草、果实套袋等方面都按预先确定的栽培模式实施（图1-24）。

图1-24 葡萄园

日本葡萄商品率可达90%以上，表现为着色好、可溶性固形物含量高、穗形和大小一致、果粒大而均匀，果实糖度和着色达不到要求绝不采收，所以市场上葡萄商品性一致，质量优良稳定（图1-25）。

图1-25 葡萄商品果

　　果穗外观性状（大小、整齐度、着色等）会严重影响销售价格，促进了一些特殊栽培技术的开发与应用，如花序整形和坐果后的疏粒等。在日本，对1hm²亚历山大品种进行果穗整形和疏粒的用工量需300h，占总劳动时间的23%。如图1-26。

图1-26　精细管理的葡萄果穗

　　重视果品的产后商品化处理。严格分级包装，便于贮运和销售，实现了优质优价（图1-27）。如巨峰、先锋、阳光玫瑰等品种，通常每千克包装箱内装2穗。包装操作要细心，以免触碰果粉，并要防止果粒的互相挤压或箱盖挤压伤及果粒，因此采后处理和装箱特别费时。在冈山地区，每1 000m²先锋葡萄采后处理

图1-27　葡萄分级包装

和装箱花费的劳动时间高达110h，占全年劳动时间（458h）的24%。

　　日本农业品牌体系健全。农民们在按照规程操作的同时，都准确地记录各项管理程序，建立完整的管理档案，产品实行实名制销售，做到产品质量可追溯。

5.设施化、省力化栽培

　　葡萄生产设施化，避雨大棚、温室大棚及限根栽培设施等齐全，栽培管理过程机械及喷灌、滴灌等设施的配备，节省大量劳动力。

6.环保意识强

　　生产中非常重视培肥土壤和保护生态。农村生活使用清洁能源，没有焚烧秸秆或煤炭现象，生产中葡萄枝叶收集粉碎后覆盖在树盘充当肥料得到循环利用。如图1-28所示。

图1-28　和谐的葡萄园

7. 农业与旅游业的深度融合

农业观光旅游发达，推动了葡萄产业的发展。如山梨县的农业生产率在日本居首位，因当地日照时间长，气候适宜，葡萄、桃和李子的产量居日本之首，且品质最优，结合温泉民宿，是日本最具代表性的旅游胜地之一，每年的8～10月是葡萄采摘游的旺季。见图1-29。

图1-29　葡萄采摘（阳光玫瑰）

第二章

葡萄品种

由于日本所处高温高湿的环境，过去多推广从美洲引进的抗病性强的中小粒品种（如玫瑰露），后来推广本国选育的大粒欧美杂交种（如巨峰），在世界上形成一大特色，同时也影响到周边国家，如中国、韩国等葡萄品种的走向。

一、葡萄品种的演变

1. 起源

日本栽培品种都是外来种群，非本土原产。

日本葡萄栽培可以追溯到12世纪，当时在山梨胜沼地区的神社，发现了果穗巨大的欧洲种野生葡萄，有可能是8世纪前后通过留学中国的僧侣带到日本的，也可能是从中国带去的葡萄籽留下来的。到16世纪，该葡萄品种虽然没有大面积栽培，但其间从它的实生后代中逐渐选出了适应日本多雨气候的品系，并从中选出了高品质的栽培品种——"甲州"，（图2-1）。在江户时代，甲州首先在山梨县周边种植，然后扩展到了东京、京都和大阪等地。

图2-1　葡萄品种甲州

2. 海外葡萄品种的引入

19世纪末期，日本政府从欧美各国引进了大量葡萄品种。但日本湿润的气候不利于多数欧亚种葡萄的生长，导致这些品种的栽培试验几乎全部失败。然而在冈山县、香川县和兵库县的部分地区，人们将亚历山大等品种种植在玻璃温室内获得成功，成为今天设施葡萄的发祥地。

同期引进的美洲葡萄品种，在露地栽培也获得成功，代表性品种有早生康贝尔、玫瑰露（地拉洼）等。到了1936年，这些品种扩展到日本各地，尤其是在山梨、大阪、冈山和广岛地区，成为当地的主栽品种。

3. 近代葡萄育种发展

从20世纪20年代开始，日本国内的育种家开始致力于品质优、适应日本气候的品种选育，建立了日本葡萄的杂交育种体系，并一直持续至今。

民间育种家广田（1925）、川上（1927）和大井上康（1937）等培育出了良好的栽培品种，这些品种即使在今天仍占据一大部分市场。广田通过欧亚种品种间的杂交获得了新玫瑰，川上和大井上康通过欧美种和欧亚种的杂交分别育成了玫瑰蓓蕾-A和巨峰（图2-2）。

巨峰是一个划时代的葡萄品种。在巨峰之后，持续培育出一系列巨峰群葡萄品种，如先锋，也成为日本葡萄主栽品种。自20世纪70年代以来，巨峰系品种栽培面积迅速扩大，到90年代初期达到顶峰，日本葡萄进入大粒时代。

进入21世纪，培育出优质品种阳光玫瑰（图2-3），葡萄育种进入了一个崭新时代。

4. 未来葡萄育种趋势

日本葡萄育种以国立机构为主。目前国立葡萄研究机构有35

图2-2 日本培育的葡萄品种（左：玫瑰蓓蕾-A；右：巨峰）

图2-3 葡萄新品种阳光玫瑰

家，如山梨县果树试验场（图2-4）。民营企业也参与葡萄新品种
选育工作，葡萄新品种的专利权益受到有效保护。日本注重知识
产权，主张栽培本国选育的品种，这方面值得我国借鉴。

图2-4　笔者在山梨县果树试验场（日本国立葡萄育种单位）考察

（1）**继续以抗病性强的欧美杂交种为主**　因日本气候条件的
限制，欧美杂交种一直在生产中占绝对优势，如巨峰、先锋、阳
光玫瑰等品种。尽管日本近年均有欧亚种新品种问世，如温可、
红芭拉多等，但这些新品种在生产上应用的还较少。

（2）**不断追求高品质**　鲜食品种除了要求大粒、高糖度和优
质外，还要求无核、脆肉和皮薄（可连皮食用），如新品种阳光玫
瑰、妮娜皇后等。

同时，结合赤霉素诱导无核结实，也成为日本鲜食葡萄育种
的重要目标之一，如新品种先锋、阳光玫瑰等。

具有玫瑰香气仍然是最重要的育种目标。

（3）**不同成熟期**　早熟或者晚熟也是重要的育种目标。

（4）**外形奇特**　一些果穗、果粒颜色异样和具有特殊形状的
品种，如美人指的果粒可长达5～7cm，极具观赏价值，也是当前
和今后的育种目标。

二、目前生产中应用的品种

日本对葡萄品种的选择很实际，尽管巨峰品种推广50余年，而且日本对大粒品种也有市场需求，但时至今日小粒品种栽培面积仍保持1/3左右，同时日本也年年都有新品种登记注册，但新品种推广缓慢，这些都说明日本葡萄市场已经成熟。

目前生产中常见栽培品种如下：

（1）**玫瑰露**　又称地拉洼。欧美杂交种，二倍体，原产美国。是日本原来的主栽品种，目前还有相当的面积，但每年略减少。

果穗圆柱形，果粒着生紧密，果粒重1.4～1.5g。果皮薄，紫红色，果粉中等。肉软多汁，有肉囊，味甜而香。含糖16%～20%，含酸0.7%～0.9%，品质中等。每粒浆果含种子1～2枚。见图2-5。

图2-5　玫瑰露（左：果穗形态；右：丰产状态）

　　树势中等，丰产。浆果出汁率70%，是制汁、酿造和鲜食兼用品种。果汁色好，味甜适口，有香气。早熟，比巨峰早20d左右。是设施促早栽培的主要品种之一。作为鲜食品种时，生产中通常采用无核化栽培。

　　（2）**早生康贝尔**　欧美杂交种，二倍体，美国1892年培育。是日本过去主栽品种，目前栽培面积逐年减少。主要用于鲜食或榨汁。

　　果穗中等大，短圆锥形，有副穗，平均重400～500g，果粒圆形，平均粒重4.9g。果皮厚，深紫黑色，果粉厚，果肉软，有肉囊，味甜，具有典型的草莓香味，品质中等。每粒浆果含种子2～4枚（图2-6）。

图2-6　早生康贝尔

　　树势中庸，抗病性极强，非常丰产，易于栽培管理。在日本山梨县，浆果8月中旬成熟，比巨峰早20d左右。

　　（3）**玫瑰蓓蕾**-A　欧美杂交种，二倍体，日本川上善兵卫培育。亲本为蓓蕾×玫瑰香。在日本过去栽培面积较大，但主要用于榨汁及酿酒，少量用于鲜食，目前栽培面积略减少。

　　果穗大，圆锥形，平均穗重855g。果粒近圆形，平均粒重5.4g。果皮蓝黑色，果粉厚，极易着色。可溶性固形物含量为23.8%，味甜，果汁多，出汁率为70%。鲜食品质上等。每粒浆果含种子2～4枚（图2-7）。

图2-7 玫瑰蓓蕾-A（左：果穗形态；右：丰产状态）

树势中庸，抗病性极强，非常丰产，易于栽培管理。在日本山梨县，浆果9月末、10月初成熟，比巨峰晚20d左右。成熟之后挂果时间特别长。

（4）甲州 欧亚种，二倍体。山梨县主栽品种，但栽培面积近年略减少。主要用于榨汁及酿酒，少部分用于鲜食。

果穗长圆锥形，大，平均穗重800g。果粒近圆形，平均粒重5～6g。果皮粉红，果皮厚。可溶性固形物含量为20%，味甜，鲜食品质上等。果汁多，出汁率为70%，果汁品质极高（图2-8）。

图2-8 甲州（左：果穗形态；右：丰产状态）

　　树势较强，抗病性极强，非常丰产，易于栽培管理。在日本山梨县，浆果9月末、10月初成熟，比巨峰晚20d左右。成熟之后挂果时间特别长。近年日本学者对甲州DNA检测发现其含30%中国刺葡萄的基因，这是其抗病性强的原因所在。

　　（5）**巨峰**　欧美杂交种，四倍体。日本葡萄育种家大井上康1937年培育，是日本葡萄的主栽品种。

　　果穗圆锥形，穗重600g。果粒椭圆形，紫黑色，粒重10～11g。果肉质地适中，汁多，无肉囊，可溶性固形物含量16%～18%，口味香甜，品质优。

　　树势强壮，易成花结果，丰产稳产，抗病性强。生育期150d左右，在日本山梨县采收期从8月末到11月中旬。生产中可实现无核化栽培（图2-9）。

图2-9　巨峰（丰产状态）

　　（6）**先锋**　欧美杂交种，四倍体。日本葡萄育种家井川秀雄用巨峰和康能玫瑰杂交育成，目前在日本推广面积较大。由于果粒巨大。是近些年来很受欢迎的品种之一。

　　果穗圆锥形，中等大小，平均重360g，自然坐果大小粒现象严重，需要植物生长调节剂（激素）处理。果粒极大，平均重15g。果皮中厚，紫黑色，果粉厚，果肉略脆，无明显肉囊，果汁中多，可溶性固形物含量16%～20%，含酸量0.65%，略带香气，品质优良（图2-10）。

图2-10　先锋（左：果穗形态；右：丰产状态）

树势强壮，抗病性强，丰产。成熟期比巨峰略晚，生产中必须进行无核化栽培。该品种我国引进较早，但由于成熟略迟，着色没有巨峰容易，以及必须无核化处理等原因，在我国没有得到推广。随着我国葡萄供给侧的变化，预计这一品种在我国有发展潜力。

（7）**阳光玫瑰**　欧美杂交种，二倍体。日本国立果树研究所最新培育，亲本为安艺津21号（斯秋潘×亚历山大）×白南（卡塔库尔甘×甲斐路），2006年登记备案，是日本近年推广最快的品种，有望成为继巨峰、先锋之后，又一主栽品种。

果穗圆锥形或圆柱形，穗重500～800g。果粒长椭圆形，粒重8～10g，经植物生长调节剂处理后粒重12～14g。果皮绿黄色，可食用，无涩味。果肉硬脆，有浓郁的玫瑰香气，可溶性固形物含量18%～20%，品质极佳（图2-11）。

树势较强，丰产，抗病。生育期150～160d，比巨峰略晚。无裂果。浆果耐运输，货架寿命长。目前，该品种在日本推广较快，近年我国开始栽培，是非常有希望的优质品种。生产中必须进行无核化栽培。

图2-11 阳光玫瑰（左：果穗形态；右：丰产状态）

主要特点：

①玫瑰香气浓郁，果皮可食用。

②花芽分化容易，适合短梢修剪；浆果激素处理膨大效果好。

③浆果套有色袋（如绿色），果皮青绿，亮丽，不易产生锈斑。果实成熟后在树上挂果期长（图2-12）。

图2-12 阳光玫瑰（各色套袋）

④目前该品种苗木受到病毒侵染较重，已经影响该品种潜能的发挥。生产者应选择脱毒苗木建园为宜。日本栽培脱毒阳光玫瑰苗木，病毒病很少发生，但个别园偶有发生（图2-13）。

图2-13　阳光玫瑰感染病毒枝叶状态

（8）**妮娜皇后**　欧美杂交种，四倍体，日本培育，亲本为安艺津20号（红瑞宝×白峰）×安艺皇后。近年在日本得到一定的推广。

果穗短圆锥形，平均穗重500g。果粒短椭圆形，需要激素处理，平均粒重17g，比先锋大。果皮鲜红色，漂亮。果肉脆，草莓香味浓郁，可溶性固形物含量20%～21%，品质上（图2-14）。

图2-14　妮娜皇后

树势较强，抗病，较丰产。生育期160d左右，比巨峰略晚。无裂果现象。着色较难，为此推广受到限制。生产中必须进行无核化栽培，严格控制产量，科学疏果，并采取有效措施促进着色。

日本葡萄育种家一直希望在巨峰群中培育出大粒红色的优良品种，如过去选育的红富士、安艺皇后、信浓乐、戈尔比等，但都着色困难，没有推广普及，看起来红色新品种选育的道路还很漫长。

几年来葡萄新品种阳光玫瑰在日本发展速度较快，即将成为新的主栽品种，早生康贝尔、玫瑰露等小粒品种比例将继续大幅减少。

藤稔、夏黑、美人指及黑色甜菜等其他品种推广面积不大。

三、葡萄苗木生产经营与繁殖技术

1. 生产经营特点

（1）**国家授权经营** 在日本，生产经营葡萄苗木必须得到国家授权许可，资质要求高，严格按照规程操作，对于试材定期检查。如植原葡萄研究所、中山葡萄园是日本最著名的国家授权葡萄苗木繁殖企业（图2-15）。

（2）**订单育苗** 日本葡萄苗木每年的生产量很小，而如此小的数量还必须提前一年下订单，否则不予受理。

（3）**推广脱毒嫁接苗** 日本葡萄生产完全采用脱毒嫁接苗，一方面由于早年曾经受到葡萄根瘤蚜的危害，重视程度提高，另一方面可以提高根系抵御不良环境的能力。脱毒嫁接苗生长健壮，避免僵苗现象。葡萄苗木繁殖企业，各自都具有独立的脱毒砧木圃与接穗圃，保证了苗木质量（图2-16、图2-17）。

砧木通常选用5BB、5C、3309等，目前生产中应用量最大的砧木是5BB。各砧木品种特性见表2-1。

图2-15　葡萄育苗单位（植原葡萄研究所）

图2-16　脱毒砧木苗（生产）

图2-17　笔者在中山
　　　　葡萄园脱毒
　　　　砧木圃

表2-1 葡萄主要砧木品种与特性

品种	耐旱性	耐湿性	树体寿命	产量	品质	着色
5BB	极强	非常弱	中	中	优良	极良
5C	强	强	中	中	优良	极良
8B	强	中—强	中	中	优良	极良
SO4	强	强	中	中	优良	极良
3309	极强	中	非常长	非常高	良	良
3306	强	极强	中	非常高	良	良
101-14	非常弱	非常强	短	非常低	良	良

注：节选自植原葡萄研究所1993年资料。

葡萄嫁接苗有明显的小脚现象，有利于营养物质积累，提高果实品质（图2-18）。

图2-18 葡萄嫁接苗小脚现象（阳光玫瑰/5BB）

2. 繁殖技术

（1）苗木嫁接技术　育苗采用机械硬枝嫁接方法。经过温室催根愈合处理后，移栽到田间再培育。见图2-19。

图2-19　葡萄苗木嫁接生产过程

田间栽植苗木，行距1.2m左右，株距25cm左右，每根苗木插1根架材，生产过程中管理精细，当年苗木生长高度达2.0m左右。见图2-20。

图2-20　葡萄嫁接苗木田间管理

（2）**苗木质量标准** 葡萄苗木高度1m左右，砧木部分25 ～ 30cm，嫁接口上保留40 ～ 60cm，具体标准见表2-2。

表2-2 日本葡萄苗木标准

级别	苗木生长高度（m）		备注
	植原葡萄研究所	中山葡萄园	
特选苗	>1.7		特别好的苗
特等苗	1.2～1.7	>1.2	根系比较多的标准苗
上等苗	0.8～1.2	0.8～1.2	根系少一点的苗
中等苗	0.3～0.8	0.3～0.8	细弱苗

注：摘自日本植原葡萄研究所和中山葡萄园2004年版《葡萄品种解说》。

对于每株苗木，都有一个标牌，注明生产企业名称、联系电话等信息，更重要的是注明了品种名称与砧木名称。见图2-21。

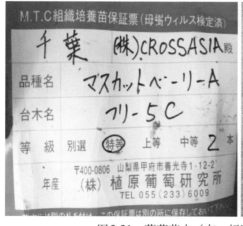

图2-21 葡萄苗木（左：标牌；右：图示）

（3）**苗木包装运输** 葡萄苗木一般采用纸板箱包装，内衬塑料袋保湿（图2-22）。

图2-22　葡萄苗木包装（左：外包装；右：内包装）

附录1：日本部分葡萄品种名称中日英对照

序号	中文	日文	英文
1	阳光玫瑰	シャインマスカット	Shine Muscat
2	先锋	ピオーネ	Pione
3	玫瑰露	デラウェア	Delaware
4	玫瑰蓓蕾-A	マスカット　ベーリ-A	Muscat Bailey A
5	妮娜皇后	クィーンニーナ	Queen Nina
6	黑色甜菜	ブラックビート	Black Beet
7	早生康贝尔	キャンベル アーリー	Campbell Early
8	耐格拉	ナイアガラ	Niagara
9	波特兰	ポートランド	Portland
10	康可	コンコード	Concord
11	斯秋潘	スチューベ	Steuben
12	纽约玫瑰	ニューヨーク　マスカット	N.Y. Muscat
13	尤尼坤	ユニコーン	Unicorn
14	巴拉迪	バラディー	Baladi
15	东方之星	オリエンタルスター	Oriental Star

（续）

序号	中文	日文	英文
16	夏皇后	サマークイーン	Summer Queen
17	宝石玫瑰	ジュエルマスカット	Jewel Muscat
18	新莱玫瑰	ヌーベルローズ	nouvelle Rose
19	我的心	マーイ ハアト	My Heart
20	旭日	サニー ルージュ	Sunny Rouge
21	安艺皇后	安芸クィーン	Aki Queen
22	优选黑奥林	ブラックオリンピア	Black Olympia Selection
23	信浓乐	シナノスマイル	Shinano SmiIe
24	夏黑	サマーブラック	Summer Black
25	亚历山大	マスカットオブ アレキサンドリア	Muscat of Alexandria
26	红罗莎里奥	ロザリオロッソ	Rosario Rosso
27	奥山红宝石	ルビー オクヤマ	Ruby Okuyama
28	申田尼	センティニアル	Centennial
29	卡塔库尔甘	（カッタ クルガン）	Katta Kourgan
30	美人指	マニキュアフィンガー	Manicure Finger
31	康能玫瑰	カノンホールマスカット	Cannon Hall
32	濑户巨	瀬戸ジァイアンツ	Seto Giants
33	浪漫红颜	スカーレット	Scarlet
34	黑皇无核	BKシードレス	BK Seedless
35	玫瑰13号	マスカ・サーティーン	Musca Thirteen
36	红皇后	レッド クイーン	Red Queen
37	鲁贝尔玫瑰	ルーベル・マスカット	Rubel Muscat
38	理查马特	リザマート	Rizamat
39	红珍珠	レッド パール	Red Pearl

（续）

序号	中文	日文	英文
40	黑峰	ダークリッジ	Dark Ridge Seedless
41	极高	ジーコ	—
42	博多白	博多ホワイト	Bord White
43	希姆洛德	ヒムロッド　シードレス	Himrod Seedless
44	金手指	ゴールドフィンガー	Gold Finger
45	玫瑰香	マスカット　ハンブルグ	Muscat Hamburg
46	多摩丰	多摩ゆたか	Tamayutaka
47	白罗莎	ロザリオ　ビアンコ	Rosario Bianco
48	金地拉	キングデラ	King Dela
49	优选地拉洼	選抜献上デラ	Kenjo Delaware Selection
50	意大利	イタリア	Italia
51	黑阳光玫瑰	マスカット・ノワール	Muscat Noir
52	科特比	コトピー	Kotopy
53	绿色阳光	サンヴェルデ	Sun Verde
54	甜阳光	サニードルチェ	Sunny Dolce
55	蜜金星	ハニー　ビーナス	Honney Venus
56	蜜无核	ハニー　シードレス	Honney Seedless

附表2：日本近年培育的葡萄新品种（节选）

序号	品种	亲本	倍性	种群	单粒重 (g)	风味	含糖量 (%)	色泽	裂果	成熟期
1	浪漫红颜（也称"红阳光玫瑰"）	红罗莎×阳光玫瑰	二倍体	欧美	12~16	无	18~22	红		8月中下旬
2	凉香	博多白×（宝满×理查马特）	二倍体	欧美	9.6	玫瑰香		绿		8月中旬
3	BK无核	玫瑰蓓蕾-A×巨峰	三倍体	欧美	10~16	草莓香玫瑰	22~25	紫黑	无	8月中旬
4	玫瑰13号	红罗莎×阳光玫瑰	二倍体	欧美	9	玫瑰香	18~20	绿	无	8月下旬至9月中旬
5	黑阳光玫瑰	阳光玫瑰×极高	二倍体	欧美	9.6	玫瑰香	18~21	紫黑	无	8月下旬至9月初

（续）

序号	品种	亲本	倍性	种群	单粒重 (g)	风味	含糖量 (%)	色泽	裂果	成熟期
6	科特比	甲斐乙女×阳光玫瑰	二倍体	欧美	12~15			红	无	与阳光玫瑰同期
7	绿色阳光	黑峰×申田尼	四倍体	欧美	14	草莓香	21	绿	无	8月下旬至9月上旬
8	甜阳光	巴拉迪×奥山红宝石	二倍体	欧洲	11			红	少	8月下旬
9	あづましずく	黑奥林×美国品种Himrod	四倍体	欧美	13~16	草莓香	16~19	黑	无	8月初
10	东方之星	斯秋潘×亚历山大	二倍体	欧美	10~12	无	20	紫黑	无	8月下旬
11	黑色甜菜	藤稔×先锋	四倍体	欧美	14~18	草莓香	16~19	紫黑	无	7月下旬至8月上旬

（续）

序号	品种	亲本	倍性	种群	单粒重(g)	风味	含糖量(%)	色泽	裂果	成熟期
12	雄宝	阳光玫瑰×天山	二倍体	欧美	25	无		绿	无	9月中旬
13	夏皇后	戈尔比×红伊豆	四倍体	欧美	12	草莓香	18~19	红	无	8月中旬
14	宝石玫瑰	山梨47号（阳光玫瑰×理查马特）×阳光玫瑰	二倍体	欧美	18	无	18	绿	无	9月上旬
15	新莱玫瑰	红罗莎×阳光玫瑰	二倍体	欧美	7~9	玫瑰香	20~22	红	无	8月下旬至9月上旬
16	戈尔比	红皇后×伊豆锦3号	四倍体	欧美	20	草莓香	20~21	红	无	8月中旬至8月下旬

（续）

序号	品种	亲本	倍性	种群	单粒重(g)	风味	含糖量(%)	色泽	裂果	成熟期
17	我的心	温克×阳光玫瑰	二倍体	欧洲	15~20	无	20~22	红	少	9月下旬至10月
18	旭日	先锋×红珍珠	四倍体	欧美	5~6	草莓香	19	红	无	8月中旬
19	温克	鲁贝尔玫瑰×甲斐路	二倍体	欧洲	10~11	无	20	黑	少	9月下旬

备注：参考2015—2018年植原葡萄研究所及中山葡萄园资料。

附录3：日本常见葡萄品种

序号	品种	亲本	倍性	种群	单粒重（g）	风味	含糖量（%）	色泽	裂果	成熟期
1	阳光玫瑰	（斯秋潘×亚历山大）×（卡塔库尔甘×甲斐路）	二倍体	欧美	12~14	玫瑰香	18~20	绿	无	8月下旬至9月下旬
2	巨峰	石原早生×申田尼	四倍体	欧美	10~12	草莓香	18~20	紫黑	无	8月下旬至9月中旬
3	先锋	巨峰×申田尼	四倍体	欧美	14~18	草莓香	18~19	紫黑	无	比巨峰略晚
4	藤稔	井川[682×先锋	四倍体	欧美	25	草莓香	16~18	紫黑	有	比巨峰略晚
5	伊豆锦	（巨峰×康能玫瑰）×康能玫瑰	四倍体	欧美	17~20	草莓香	17~18	紫黑	无	与巨峰同期
6	高妻	先锋×申田尼	四倍体	欧美	17~20	草莓香	18~19	紫黑	无	比巨峰略晚
7	高墨	巨峰枝变	四倍体	欧美	10~12	草莓香	17~19	紫黑	无	比巨峰早半个月
8	妮娜皇后	安艺津20号（白峰×红瑞宝）×安艺皇后	四倍体	欧美	20	草莓香	20~21	红	无	比巨峰略晚

（续）

序号	品种	亲本	倍性	种群	单粒重 (g)	风味	含糖量 (%)	色泽	裂果	成熟期
9	翠峰	先锋×申田尼	四倍体	欧美	15~20	草莓香	17~18	绿	无	比巨峰略晚
10	安艺皇后	巨峰实生	四倍体	欧美	13	草莓香	18~20	红	无	比巨峰略早
11	优选黑奥林	巨峰×巨鲸	四倍体	欧美	12~14	草莓香	18~20	紫黑	无	比巨峰略晚
12	信浓乐	高墨实生	四倍体	欧美	12~15	草莓香	18~19	红	无	比巨峰略晚
13	红伊豆	金玫瑰×黑潮	四倍体	欧美	12~18	草莓香	18~20	红	无	比巨峰略早
14	夏黑	巨峰×无核白	三倍体	欧美	8~10	草莓香	18~20	紫黑	无	比巨峰早
15	玫瑰露	自然杂交种	二倍体	欧美	1.5~2	草莓香	16~18	红	无	8月中旬
16	玫瑰蓓蕾-A	ペーリー×玫瑰香	二倍体	欧美	4~5	草莓香	16~18	蓝黑	无	9月中旬
17	早生康贝尔	ムーアアーリー×（ベルビレーデ×玫瑰香）	二倍体	欧美	4~5	草莓香	16~18	紫黑	无	8月中旬

（续）

序号	品种	亲本	倍性	种群	单粒重(g)	风味	含糖量(%)	色泽	裂果	成熟期
18	耐格拉	康可×キャッサディ	二倍体	欧美	3~5	草莓香	16~18	绿	无	9月初
19	波特兰	チャンピオン×ルデー	二倍体	欧美	3~6	草莓香	16~18	绿	无	8月上旬
20	康可		二倍体	欧美	3~4	草莓香	16~18	紫黑	无	8月末
21	斯秋潘	ウェイン×シェリダン	二倍体	欧美	3~5	草莓香	18~23	紫黑	无	9月初
22	纽约玫瑰	安大略×玫瑰香	二倍体	欧美	3~5	草莓香	23	黑	无	8月中旬
23	赛内卡	安大略×Lignan Blanc	二倍体	欧美	3	玫瑰香	18~19	绿	无	8月上旬
24	甲州	自然杂种（原产日本，亲本不详）	二倍体	欧洲	5~6	无	14~16	红		10月中旬
25	亚历山大	也称白玫瑰香（原产英国，亲本不详）	二倍体	欧洲	12~16	玫瑰香	14~15	绿	无	9月下旬
26	红罗莎	ロザリオ×ルビーオクヤマ5号	二倍体	欧洲	10~11	无	18~19	红	无	9月中旬
27	早生甲斐路	粉红葡萄×新玛斯	二倍体	欧洲	8~10	无	16~18	红	无	9月末
28	奥山红宝石	也称红玛斯大利	二倍体	欧洲	8~10	玫瑰香	18~20	红	无	9月下旬
29	申田尼	罗扎基的四倍体变异	四倍体	欧洲	18	无	15~17	绿	无	9月末

（续）

序号	品种	亲本	倍性	种群	单粒重(g)	风味	含糖量(%)	色泽	裂果	成熟期
30	卡塔库尔甘	Katta Kourgan（原产苏联，亲本不详）	二倍体	欧洲	15	无	14～8	绿		
31	美人指	ユニコーン×バラディー2号	二倍体	欧洲	13	无	14～18	红	无	9月中旬
32	康能玫瑰	亚历山大四倍体变异	四倍体	欧洲	10	玫瑰香	14～18	黄		9月下旬
33	濑户巨	グザルカラー×ネオマスカット	二倍体	欧洲	14～16	无	18～19	黄		9月上旬

注：1. 参考2015—2018年植原葡萄研究所及中山葡萄园资料。

2. 序号1～14：欧美杂交种。抗病，丰产，浆果圆形到椭圆形，果粒大，果肉质地中等，草莓香味浓，不裂果。

3. 序号15～23：欧美杂交种，美国早期培育，日本统称美国种。特抗病，丰产，浆果圆形，果粒小，柔软多汁，草莓香味浓，不裂果。

4. 序号24～33：欧洲种。品质好，仅适于避雨栽培。

附录 4：日本葡萄品种近年销售排序

序号	2013年	2014年	2015年	2016年	2017年
1	巨峰	阳光玫瑰	阳光玫瑰	阳光玫瑰	阳光玫瑰
2	阳光玫瑰	巨峰	巨峰	玫瑰露	巨峰
3	先锋	先锋	玫瑰露	巨峰	玫瑰露
4	玫瑰露	玫瑰露	先锋	先锋	玫瑰蓓蕾-A
5	玫瑰蓓蕾-A	玫瑰蓓蕾-A	玫瑰蓓蕾-A	玫瑰蓓蕾-A	甲州
6	妮娜皇后	妮娜皇后	甲州	甲州	先锋
7	黑色甜菜	甲州	妮娜皇后	妮娜皇后	浪漫红颜
8	甲州	黑色甜菜	黑色甜菜	黑色甜菜	玫瑰13号
9	雄宝	藤稔	藤稔	新莱玫瑰	黑色甜菜
10	紫玉	夏皇后	紫玉	藤稔	妮娜皇后
11	藤稔	紫玉	早生康贝尔	黑阳光玫瑰	新莱玫瑰
12	翠星	雄宝	雄宝	夏皇后	黑阳光玫瑰
13	科特比	科特比	夏皇后	玫瑰13号	藤稔
14	献上玫瑰露	安艺皇后	新莱玫瑰	雄宝	黑奥林
15	戈尔比	高墨	科特比	高墨	紫玉
16	阳光甜	阳光甜	高墨	耐格拉	雄宝
17	银岭	戈尔比	戈尔比	紫玉	耐格拉
18	濑户巨	黑奥林	阳光宝石	阳光宝石	早生康贝尔
19	高墨	高妻	东方之星	波特兰	夏皇后
20	绿色阳光	赤岭	安艺皇后	科特比	阳光宝石

注：参考2018年植原葡萄研究所资料。

第三章

树体枝梢管理

一、建园规划设计

1. 场地选择

（1）**气候条件**　葡萄适合年平均气温7℃以上，4～10月平均气温14℃以上，4～10月降水量1 600mm以下的区域栽培。冬季严寒时节不应出现-10℃以下的低温。

（2）**土壤条件**　葡萄喜有机质含量高、通透性好的土壤，pH 7左右，要求地下水位低，干旱可灌溉、降水量大可排放的地块。因此，对于水田改成旱田的排水不良的地块，应设置明沟或暗沟排水。见图3-1。

图3-1　葡萄园排水沟

当土壤完全不适合种植葡萄时，可通过客土彻底改良。

2. 架式设计

无论露地及设施栽培，一般都采用高水平架。其主要原因如下：

（1）**规避病害**　日本葡萄产区年降水量大、频繁，且主要集中在6、7月份，土壤湿度大，空气湿度也大，不得不通过高水平架，提高叶片及果穗高度，以利于通风透光、降低湿度，大大减轻病害的发生。见图3-2。

图3-2　高水平架

（2）均衡树势　水平架通过对枝梢的水平绑缚，有效均衡树势，缓和顶端优势，枝梢节间短，促进花芽分化，稳定结实，提高浆果品质，便于管理。

（3）便于农事作业　葡萄管理用工量最大的是花果管理，如花序整形、植物生长调节剂处理、疏果、套袋打伞及采收等，水平架果穗下垂，管理方便。同时高水平架下空间大，也便于除草、施肥、打药等机械化作业。

（4）减轻台风危害　日本系岛国，夏季台风频发，采用水平架可减缓其危害。

（5）提高叶片光合效能　日本夏季阴雨天多，光照时数往往不足，水平架能使葡萄叶片充分见光，获得最长日照时间，光合产物积累最佳。

3. 树形选择

普遍采用大树形。大树形有利于缓和树势，稳定结果，浆果品质好。

（1）**X形** X形为日本传统树形，如山梨县现在还大部分采用X形。其结构是：有分布均匀的4个主枝，每个主枝上着生亚主枝，每个亚主枝上再着生结果枝组。见图3-3。

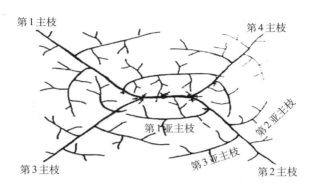

图3-3 "X"树形结构示意图

X形整枝具有，操作灵活、可塑性大的特点，修剪时长短结合，有利于缓和树势，果穗既分布均匀，又很美观。见图3-4。

图3-4 "X"树形结构

此树形过去采用较多，新栽植树采用此法整形的也很多，是日本山梨等地主要树形。

（2）平行整枝形 包括"一"字形、H形、WH形（即双H形）等，是现代发展起来的新树形，分成2主枝、4主枝、6主枝、8主枝等，统称平行整枝形，主枝上直接着生结果枝组。主枝长6～12m，间距2～2.5m，见图3-5。当栽植地块为倾斜坡地时，可采用U形。

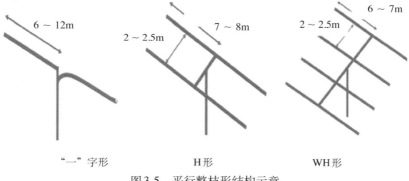

"一"字形　　　　　H形　　　　　WH形

图3-5 平行整枝形结构示意

各树形主枝长度、栽植密度、树冠面积、1 000m² 栽植株数，有一定的差异，见表3-1。实际上应根据土壤地力情况决定种植密度，土壤肥沃株距大，土壤贫瘠株距小；大树形（6及8主枝），主枝可短些，株距可小些，相对小树形（2及4主枝），主枝可长些，株距可大些。

表3-1 栽植密度设计

树形 （主枝数量）	主枝间距 （m×m）	主枝长度 （m）	株距 （m）	栽植密度 （m×m）	树冠面积 （m²）	1 000m² 栽植株数 （株）
"一"字形 （2个主枝）	2.5	7	14	2.5×14	35	28
	2.5	8	16	2.5×16	40	25
	2.5	10	20	2.5×20	50	20

（续）

树形 （主枝数量）	主枝间距 （m×m）	主枝长度 （m）	株距 （m）	栽植密度 （m×m）	树冠面积 （m²）	1 000m² 栽植株数 （株）
H形 （4个主枝）	2.5	7	14	5×14	70	14
	2.5	8	16	5×16	80	12
	2.5	10	20	5×20	100	10
"王"字形 （6个主枝）	2.5	7	14	7.5×14	105	10
	2.5	8	16	7.5×16	120	8
	2.5	10	20	7.5×20	150	7
双H形 （8个主枝）	2.5	7	14	10×14	140	7
	2.5	8	16	10×16	160	6

平行整枝形植株，枝梢、果穗在架面上均匀分布，有明显的"结果带"与"光合带"，节省管理用工。见图3-6。

图3-6 "一"字树形结构（左：树体结构；右：枝梢、果穗分布）

二、苗木栽植技术

（1）**挖坑与施肥** 葡萄为多年生作物，根系分布深，范围广，需要挖大坑栽植，坑的直径0.8～2.0m，深度30～60cm。由于日本栽植葡萄多为丘陵山地，为此通常采用小挖掘机作业。丘陵地土壤通气性良好，为葡萄生长奠定了良好基础，见图3-7。然后栽植坑回填有机肥、磷酸钙及石灰等，满足树体发育的需求（图3-8）。

图3-7　挖栽植坑

图3-8　栽植坑回填

（2）**栽植时期**　苗木栽植时间应避开严寒季节，一般在秋季 10～11月或春季3～4月（萌芽前）进行。

（3）**栽植前准备**　先将苗木浸泡24h，栽植时再对根系进行修剪，以促进新根的发生。根系保留长度5～10cm即可。见图3-9。

图3-9　苗木定植前处理

（4）**栽植与栽植后管理**　栽植时要保证苗木根系舒展，栽植深度保证嫁接口高出地面15cm左右，避免演变成自根苗。栽植后，苗木的定干高度50cm左右，并直接搭架绑缚，浇透水，以后每5～7d再浇1次。见图3-10。

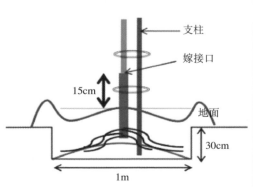

图3-10　苗木定植（左：示意图；右：实物）

　　幼苗期为了预防树盘干旱或杂草生长，通常采用稻草、树叶或木屑（含葡萄藤蔓粉碎物）等有机物覆盖，保持土壤湿度，提高土壤透气性。有机物腐烂后可变成肥料被树体吸收利用。见图3-11。

　　伴随树体生长，树盘持续开展有机物覆盖。见图3-12。

图3-11　苗木栽植后树盘覆盖

图3-12　树盘覆盖

除了对树盘进行有机物覆盖外，规模化新栽植的幼树，进行黑色地膜覆盖预防杂草，当然地膜是可回收再利用的。见图3-13。

图3-13　地膜覆盖

三、幼树培养

以"一"字形、H形为例。

1. 第一年树形培养

新栽植的幼树，前期生长依赖苗木贮藏营养，为此在新梢长到30cm左右时，应尽早选留顶部壮梢，搭架引缚培养成主干，基部其他枝梢留3～4叶摘心或扭梢或直接抹掉，以促进主干生长。见图3-14。

当所选留新梢生长达到棚架面高度时（一般5月中下旬），在棚架面下25～30cm处摘心，诱导副梢萌发。副梢萌发后，在棚架面下50～100cm处选留2个生长势相当的副梢培养成主枝（臂，"一"字形），或培养成主干（H形等大树形），绑缚在架面下（距离架面15～20cm）的主枝引诱线上，下部其他副梢留1片叶绝后摘心或留2～3叶绝后摘心。所选留的副梢（计划培养成主干或主枝）生长很快，需每隔30cm左右绑缚一次。见图3-15。

图3-14 苗木栽植后管理

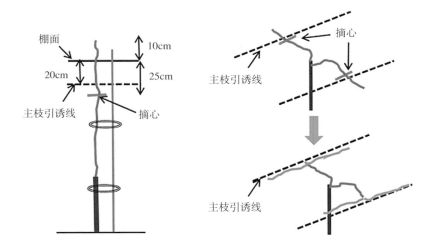

图3-15 葡萄树形培养过程示意（H形）

对于2个主枝的"一"字形树形，让所选留的副梢（一级副梢）作为主枝直线延伸，但8月上旬必须摘心处理，让前部所萌发的副梢（主枝）继续生长，后部所萌发的副梢（二级副梢）留2～3叶绝后摘心，促进主蔓和主枝加粗生长与木质化。

对于4个主枝的H形树形，让所选留的副梢（一级副梢）前期作为主干培养，当生长量超过主枝引导线20cm时，在距离主枝引诱线5cm处摘心，诱导副梢（二级副梢）萌发，后期选择左右方向2个壮的副梢沿着主枝引诱线培养成主枝，其余副梢也留2 ~ 3叶绝后摘心，主枝在8月上旬必须摘心，以后所发出的副梢（三级副梢）留2 ~ 3叶绝后摘心，促进树体营养积累。见图3-16。

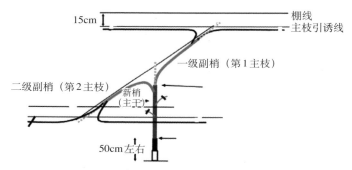

图3-16　葡萄树形培养过程示意（H形）

无论"一"字形还是H形，冬季修剪时主枝至少回缩到8月份摘心位置，或在摘心位置内主枝直径达到12mm处修剪，严格控制当年主枝延伸长度，保证主枝质量。

2.第二年树形培养

（1）主枝芽眼刻芽处理　按照培养结果枝组的间距要求，除了顶端2 ~ 3个芽外（顶端优势），其余计划培养成结果枝组的芽需要刻芽（目伤）及石灰氮处理，促进其萌芽。

刻芽处理在春季萌芽前开展。方法为：用刻芽专用剪刀在芽眼前方5 ~ 10mm处，刻深2mm、宽3mm左右的伤口。见图3-17。

（2）继续培养树形　主枝前部萌发的新梢选留1个粗壮的继续沿着主枝引诱线直线生长，培养新的主枝；其余各新梢，需在架面上均匀分布，留5 ~ 6片叶摘心（其上再萌发的副梢需继续摘心）并均匀绑缚，避免与主枝竞争。见图3-18。

图3-17 葡萄幼树阶段芽眼刻芽处理

图3-18 葡萄树形培养（H形，夏季）

　　主枝当年只能延伸2～3m或15～20芽，不可一年延伸过长，否则将影响枝蔓成熟度与次年萌芽率等，同时所延伸的主蔓也必须在8月上旬摘心。冬季修剪时新主枝保留长度1.5～2.5m。

　　主枝上所萌发的枝条，均不结果，此阶段是继续培养树形，形成结果枝组的时期。冬季对其短梢修剪，培养成结果枝组，结果枝组间距离25～30cm。

对于6个主枝及8个主枝的大树形，其整形过程头一年先培养外侧主枝，下一年再培养内侧主枝。见图3-19。

图3-19　葡萄树形培养（双H形，冬季）

3.第三年树形培养

萌芽前，对上一年主枝延长枝基部欲培养成新结果枝组的芽，继续刻芽处理。以后新主枝每年延伸长度3 m左右，也是每年8月上旬摘心，确保其充分木质化，管理同2年生树。每个结果母枝选留2个新梢，保证1m主枝着生10个新梢，其中1～2个新梢结果。冬季修剪同2年生树，但新主枝每年延伸长度应小于上一年，以后每年亦如此，否则次年萌芽不足。

4.第四年及第四年以后树形培养

新主枝管理同3年生树。继续保证1m主枝着生10个新梢，其中4～5个新梢结果。见图3-20。冬季修剪同上一年。

进入5年生以后，继续保证1m主枝着生10个新梢，其中5～6个新梢结果。其他同上一年。

图3-20　葡萄树形培养（双H形，夏季）

5. 幼树综合管理

（1）**幼树保护**　由于采用大树形，栽植株树少，幼树阶段有时设施不覆农膜。为了预防病害，夏季前期只对小植株开展局部避雨，后期再全面覆盖避雨。冬季来临，幼树阶段需对主干采用稻草包扎防寒。见图3-21。

图3-21　葡萄幼树期管理（左：临时避雨；右：树干包扎稻草防寒）

(2) 幼树渐进结果 幼树阶段以培养树形，并形成结果枝组为目的，勿急于结果。树形培养与结果是渐进过程，见图3-22。

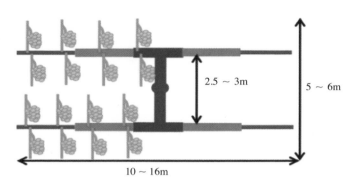

2.5～3m

5～6m

10～16m

图3-22 葡萄幼树培养与渐进结果示意（不同颜色代表不同年份）

日本把8年生以前的树统称为幼树，之后算作成龄树，30年以上算作老龄树。一般第二年不结果，只有进入第三年才开始结果，且各阶段产量需有效控制，见表3-2。

表3-2 树龄与产量
（面积1 000m²）

基本情况	玫瑰露：X形整枝，长梢修剪					巨峰：H形整枝，短梢修剪				
树龄（年）	栽植初期	始结果期	幼树期	成龄期	老龄期	栽植初期	始结果期	幼树期	成龄期	老龄期
	1～2	3～4	5～8	9～30	31～	1～2	3～4	5～8	9～30	31～
产量（kg）	0	500	1 000	1 500	1 500	0	500	1 000	1 500	1 500
栽植株数	25～30		12～16（随时间伐）			主枝间距2～2.5m情况下，主枝长（单臂）2.5～3.5m，30株				
栽植株行距（m）	4×8到1.5×9		8×8到9×9			主枝间距3～3.5m情况下，主枝长（单臂）2.5～3.5m，20株				

幼树阶段常表现徒长现象，应控制氮肥的施入量。

四、成龄树夏季枝梢管理

1. 抹芽定枝

根据调查，葡萄从萌芽到展5片叶时期，枝条、叶片及花序的发育，大部分依赖树体的贮藏营养，因此抹芽与定枝需要尽早开展，以促进所选留新梢的生长，避免营养浪费（图3-23）。当然抹芽过重，即所选留新梢不足时，易引起所选留的新梢徒长，需引起注意。

图3-23 抹芽（左：抹芽状态；右：抹芽操作）

树势不同，抹芽定枝时间应区别对待。对于强壮树势（或树势强的品种，如巨峰、先锋、阳光玫瑰等），抹芽定枝时间可略推迟，从而削弱树势。开展无核化栽培要维持树势强壮，否则效果变差。对于弱树势（或树势弱的品种，如玫瑰露、早生康贝尔等），抹芽定枝时间需提早，从而增强树势。

抹芽在新梢展叶2～3片时进行（图3-24）。对于短梢修剪树体，抹掉不定芽与副芽；对于长梢修剪树体，抹掉基部2个芽，前部留3个芽。

图3-24　抹芽时期

　　定枝一般在展叶6～8片时进行。有些葡萄品种（如巨峰等欧美杂交种），前期新梢根原基发育不充实，在风等外力的作用下，枝梢很易脱落，待后期枝梢基部开始木质化后，方可得到稳固。因此，对于这样的品种，定枝时需提前考虑到品种特性，并适当预留部分枝梢。在枝条充足的情况下，原则上要疏去长势过强或过弱的枝条，保留那些中庸的枝条，以确保结果整齐一致。见图3-25。

图3-25　定枝时期

定枝与定花序可同时进行。

对于长梢修剪树体，每个结果枝组留3个新梢，前端的继续延伸培养树形（有时也可以结果），下边的2个新梢结果，其余新梢疏掉，最终每3.3m²选留新梢18～20个（表3-3）。

表3-3 枝梢管理指标
（爱知县农业综合试验场，2017）

项目		指标
新梢数		6～7个/m²
新梢长	开花时	120～150cm（13～15芽）
	采收时	150～200cm（15～120芽）
叶面积指数		2.5～3.0（含副梢叶片）

对于短梢修剪树体，每个结果枝组留2个新梢，其余新梢疏掉。如果某个结果枝组出现"瞎眼断条"现象，相邻的结果枝组留3个新梢，以弥补枝条的不足。无论如何，最终每延长米主蔓两侧留梢合计9～10个，相当于间隔18～20cm选留1个新梢。见图3-26。

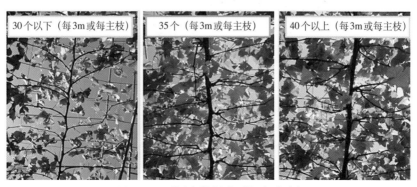

图3-26 不同定枝标准（阳光玫瑰）

　　阳光玫瑰比巨峰、先锋可适当多留一些枝条，以削弱直射光照射，降低黄斑病的发生概率，同时架面四周新梢可下垂，减少直射光照射果穗。

2. 枝梢绑缚

　　枝梢绑缚是为了确保枝条按照要求均匀分布，使其充分见光，确保正常结果、丰产稳产及优产，并减轻病虫害的发生。

　　为了促进花芽分化，充分利用光照资源，水平架早绑梢为宜，但对新梢原基发育不充实的品种，可在摘心后待枝梢半木质化后再进行，以避免枝条脱落。绑梢普遍采用绑蔓器绑扎，效率得到提高（图3-27）。绑扎丝也大量应用。

图3-27　绑蔓器绑缚

　　幼树阶段，对于长梢修剪树体，前端选留的1个新梢延长培养树形，需向前引缚，下边的2个新梢垂直主枝引缚。对于短梢修剪树体，前端选留的1个新梢继续延长培养树形，需向前引缚，后部每个结果枝组各留2个新梢垂直主枝引缚。见图3-28。

　　成龄以后，每个结果枝组始终留2个新梢垂直主枝引缚。

图3-28 枝条绑缚（上：绑缚前；下：绑缚后）

3. 摘心与副梢处理

摘心的目的是集中营养，防止枝梢无序生长，提高架面透光度，减轻病虫害的发生。

初花期（开花始期到盛花期）摘心，集中营养于花序（果穗），能有效防止落花落果，并促进幼果膨大。实际上此期摘心也有利于花芽分化，为次年丰产奠定基础。接下来要加强肥水管理，确保幼叶尽快（3周以内）长到最大，以使其充分进行光合作用。见图3-29。

图3-29　摘心处理

摘心方法是剪掉新梢前端5cm左右嫩梢。

在长野县，阳光玫瑰的摘心方法如下：

对于长梢修剪树体，开花初期，新梢长度达到100cm左右，在花序前7 ~ 8片叶处摘心，此时新梢已经展叶12 ~ 13片，摘心后新梢还剩余10 ~ 11片。

对于短梢修剪树体，在花序前3 ~ 4片叶处摘心，摘心后新梢还剩余7 ~ 9片叶。摘心后顶端的副梢延长生长，留4 ~ 6片叶再摘心，其余副梢留2 ~ 3片叶绝后摘心。见图3-30。

图3-30　摘心与副梢处理

　　阳光玫瑰在果穗前后多留部分副梢，除了能加大营养积累外，还能形成遮阴的小环境，有效抑制果实成熟期黄斑的形成。

　　摘心及副梢处理对浆果品质具有很大的影响（表3-4）。因此把摘心与副梢处理作为非常重要的生产作业活动。

表3-4　摘心与副梢处理对浆果品质的影响
（神奈川县农业技术中心，2015）

年份	处理	每米果穗数（穗）	果穗重（g）	色卡值	粒数（个）	10粒重（g）	糖度（%）	酒石酸含量（g/100mg）
2013	处理	2.1	553.5	3.4	45.0	130.1	19.5	0.34
	CK	2.0	524.2	3.6	45.3	118.5	20.2	0.33
2014	处理	2.3	620.4	3.4	40.2	158.3	17.1	0.38
	CK	2.3	520.1	3.5	38.6	139.6	18.3	0.34

　　注：1.品种为阳光玫瑰，露地种植，长梢修剪。

　　2.处理方法为：开花初期，留7～8片叶摘心；对于摘心后所萌发的副梢，果穗下部副梢留5～6片叶摘心，果穗前部副梢留2片叶摘心，7月份以后再萌发的副梢（二级副梢）继续适度摘心。CK方法为：7月上旬在果穗上部留7～8片叶摘心，对于摘心后所萌发的副梢，果穗下部副梢留2片叶摘心，果穗前部副梢留1片叶摘心。

　　3.本实验激素的使用方法：第一次处理在盛花期，GA_3 25mg/L+CPPU 3mg/L，浸蘸花序；第二次处理在盛花后13～14d，GA_3 25mg/L，浸蘸果穗。

　　葡萄叶幕吸收的太阳辐射能是光合作用的能量来源，通常每个重500g的果穗，需要16片叶才能确保其充分发育并达到最佳品质，因此枝条长度需要控制在1.2 ～ 1.5m。日本非常重视副梢的培育与利用，副梢叶片虽小，但光合能力强，与主梢叶片发育具有20 ～ 40d的时间差，是浆果成熟时期最有效的营养源。

　　在露地栽培条件下，生产高质量葡萄的最适叶面积指数为1.6 ～ 2.5（图3-31）。果穗的过度遮阴（叶面积指数≥2.5），将导致病原菌的发生和浆果品质下降。

图3-31　H形叶幕

　　对于X形树形，枝梢分布较杂乱，结果枝长度3 ～ 5m的也常见，但要掌握一个大的原则，即树下要有一定的斑驳光，发现哪个地方郁闭，随即剪短影响透光的枝条，这项操作一致延续到果实采收。见图3-32。

　　对于"一"字形或H形树形，枝条分布规范、均匀，枝条管理很标准，易操作。近年来，由于日本人口老龄化加剧，对于枝梢的叶幕管理也开始放松。为了节省用工，往往在浆果软化后忽视枝梢管理。

图3-32　X形叶幕

　　葡萄收获后趁叶片还绿时要施肥1次，以维持新梢叶片的生命活力，保证有充分的营养积累。

五、成龄树冬季修剪

　　修剪能调节枝梢分布；稳定结果，提高果实品质；均衡树势，延长树体寿命；避免枝梢杂乱无章，增加通风透光，合理利用空间，最大限度运用太阳光；减轻病虫害的发生。

　　修剪量取决于树势强弱、施肥量及所采用的品种及砧木等，同时也需考虑立地条件等。

1. 修剪基础知识

　　树体生命活动的休眠期，即每年的1～2月份，是修剪的最佳时段。为了不影响作业，应避开极端严寒天气。其他时间休眠不彻底，修剪伤口会产生"伤流"，将影响树势。

　　修剪时，剪口应垂直枝条。为了预防枝条及芽眼抽干，剪口位置应在所留芽上一个芽眼处，见图3-33。

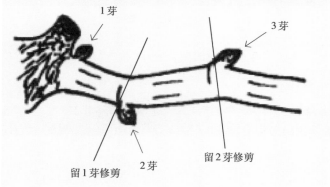

图3-33　修剪（上：修剪中；下：修剪留芽示意）

2. 方法

（1）X形树体　对于X形树体，幼树阶段多采用长梢修剪和短梢修剪相结合的混合方式培养树形及形成结果枝组，成龄阶段采用短梢修剪培养结果枝组。日本东部地区的山形县、山梨县和长野县多采用长梢修剪。见图3-34。

树势决定修剪方法与修剪量，冬季落叶之后，根据枝条的形态及生长长度可以判断树势强弱，见表3-5。

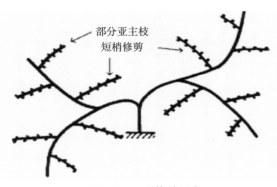

图3-34　X形修剪示意

表3-5　结果母枝的状态

（果树技术振兴中心，2014）

枝类型	长度	表现
最强枝	3m以上	节间长，副梢多
强枝	2m左右	有副梢
中庸枝	1.5 m左右	停止伸长生长早
较弱枝	1 m左右	停止伸长生长早
弱枝	50cm以下	枝条细，髓心大

注：测试品种为巨峰、先锋。

　　根据树势情况，适时多留芽（缓和树势）或少留芽（增强树势），根据栽培方式，如无核化栽培需要增强树势，见表3-6。

表3-6　结果母枝的修剪量与结果母枝数量
（果树技术振兴中心，2014）

枝类型	留芽数量 （个）	3.3m^{2}留枝数量 （个）
最强枝	8~10	3~4
强枝	8~10	3~4

（续）

枝类型	留芽数量 （个）	3.3m² 留枝数量 （个）
中庸枝	5～6	5～6
较弱枝	5～6	5～6
弱枝	3～4	8～9

注：测试品种为巨峰、先锋。

（2）"一"字形或H形树体　对于"一"字形或H形树体，采用短梢修剪。能否采用短梢修剪既取决于栽培品种的特性（花芽分化能力），也取决于地区习惯，西部地区的冈山县和福冈县多采用短梢修剪。短梢整枝可增强树势，便于无核化处理。见图3-35。

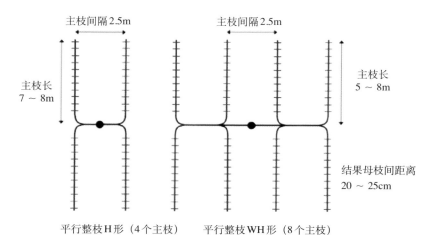

图3-35　H形修剪示意

采用短梢修剪，留1～2个芽，见图3-36。

通过短梢修剪，需培养结果枝组，结果枝组间距20～25cm，需要严格预防结果枝组外移。见图3-37。

图3-36　短梢修剪留芽方法（左：1芽；右：2芽）

图3-37　结果枝组培养

　　每年通过对结果枝组短梢修剪反复培养成新的结果枝组，供下一年结果，如此年复一年循环往复，见图3-38。究竟结果枝组可利用多少年，日本有70年生的大树，至今树体健壮，结果正常，回答了这个问题。

图3-38 短梢修剪结果枝组培养（多年生树）

　　短梢修剪需要每年连续采用此方法，其间不得更改成中长梢修剪，否则结果枝组将外移，对枝梢及果穗管理不利。伴随树龄增加，结果枝组少量外移是正常的，但应通过修剪尽量将结果枝组控制在离主枝最近的位置。见图3-39。

图3-39 多年生树结果枝组状况
（左：结果枝组没有外移；右：结果枝组已经外移）

3.特殊修剪方式

对于"一"字形或H形树体，采用短梢修剪，有时易发生结果枝组不萌芽，即"瞎眼断条"现象。

一旦"瞎眼断条"现象出现，往往需采用如下方法克服：

①冬季修剪时需在邻近的结果枝组选留一个位置合适的枝条，进行长梢修剪，然后将该梢绑缚在主枝上，弥补该枝组的空缺，以后借用此枝条形成新的替代结果枝组。

②春季抹芽定枝时，邻近结果枝组多留枝梢弥补结果空间。见图3-40。

图3-40　特殊修剪方式（左上：长梢修剪；右下：多留枝梢弥补该枝组的空缺）

第四章

花果管理

葡萄生产的最终目的是为了获得优质的浆果，为此需要开展严格的花果管理程序，如疏花序、花序整形、激素（植物生长调节剂）处理、疏果、果穗套袋、果穗打伞等（图4-1），并通过科学采收与包装，最终达到控产、提质、增效的目的。

图4-1　阳光玫瑰花果管理

一、控产

控制产量是提高质量的核心措施。

控制产量的首要途径是冬季修剪，控制留芽量；其次通过夏季修剪选留结果枝与营养枝，使其比例控制在3∶2，每个结果枝只留1穗；最后再通过果穗整形与疏粒，将果穗重量控制在预计合理的范围之内，达到控产的目的。

疏花序和花序整形是调节葡萄产量，达到植株合理负载量及提高葡萄品质的关键性技术之一。

1. 花序分布特点

葡萄品种根据其来源不同，花序分布存在较大的差异，这是由其遗传性所决定的。如巨峰、先锋及阳光玫瑰等花芽分化良好，通常每个枝条具有1～2个花序（图4-2）。除此之外，环境条件，如光照、温度等对花芽分化影响也较大。

图4-2 花序分布

2. 疏花序时间及方法

（1）**疏花序时间** 疏花序工作在萌芽后新梢展叶3片左右，能够看清花序大小及花序质量后马上开展，即与疏枝同步进行，否则将耗散营养，对于所选留花序发育不利（图4-3）。

图4-3 葡萄疏花序（左：时期；右：操作）

（2）**疏花序方法** 强壮枝条前期留2个花序（有预留部分），中庸枝留1个花序，弱枝条花序从基部切除，培养成营养枝。

对非激素处理品种（如早生康贝尔、玫瑰蓓蕾-A等），通常在新梢能分辨出花序多少、大小的时候一次进行。对需要激素处理的品种（如先锋、阳光玫瑰等），疏花序操作同非激素处理品种，但要多预留50%的花序，以备激素处理后对表现不好（见下文）的果穗进行淘汰。

阳光玫瑰幼树期或早促成栽培时，如果前期温度较低、光照弱，会导致萌芽不整齐，可根据实际情况分批疏花序。

3. 疏果穗时间及方法

（1）疏果穗时间　非激素处理品种通过疏花序已经达到了疏果穗的目的。对需要激素处理的品种，应分2次疏果穗。

第一次疏果穗操作在第一次激素处理后7d，待能看清坐果效果时，将表现不好的部分果穗疏去。第二次疏果穗操作在第二次激素处理后，将表现不好的多预留的果穗疏去。

（2）疏果穗方法　开展无核化栽培的葡萄品种，先疏掉僵果多、坐果过少、受到外伤、穗轴严重弯曲及穗形不正的果穗，若果穗充足也疏掉坐果过多的果穗，以节省后续疏果用工；花后2周（第二次激素处理后）再疏掉相对坐果不好，穗形不整或弱枝上的果穗，然后再根据品种生产标准（详见下文），最终综合确定果穗留取数量。

果穗保留过多，成熟期推迟，品质下降。

4. 控产与生产指标的确定

日本很久以前已经对不同品种、不同栽培方式有比较明确的产量标准（表4-1），值得参考。

表4-1　葡萄控产与疏花序标准（长野县）

品种	每1 000m² 产量（kg）	穗重（g）	每1 000m² 果穗数量（个）	每3.3m² 果穗数量（个）
巨峰（露地）	1 500	400	3 750	12~13
巨峰（温室）	1 400	350~400	3 500~4 000	12~13
先锋（无核化）	1 500	450~500	3 500	10~13

（续）

品种	每1 000m² 产量（kg）	穗重（g）	每1 000m² 果穗数量（个）	每3.3m² 果穗数量（个）
玫瑰露（无核化）	1 500	110～150	10 000～13 600	33～45
耐格拉	2 000	250	8 000	27

注：摘自《果实日本》，1995。

近年来，阳光玫瑰得到快速发展，各地颁布一系列生产标准，（表4-2），供生产者参考。由于该品种是黄绿色，不存在着色难的问题，产量指标比巨峰及先锋等品种略高，果穗也偏大。不过由于该品种极易丰产，结果易过多，当果穗重量超过700g时，品质易变差。

表4-2　阳光玫瑰生产标准
（大阪府，2017）

每1 000m² 产量（kg）	穗重（g）	每1 000m² 果穗数量（个）	每3.3m² 果穗数量（个）
1 800	500～700	3 000	10

二、花序整形及疏果

通过花序整形及疏果能达到果穗完整，穗形及重量整齐一致，每穗果粒数、果粒重、着色度基本一致，最终达到穗形紧凑度、色泽、口感最佳的目标。通常果穗整为圆柱形，这样便于包装运输及销售。

1. 花序整形

花序整形的目的是控制穗重一致，同时完善穗形，使其美观，并减轻下一步疏果工作量。通过花序整形能及时集中营养，为生产优质果奠定基础。

花序整形时期在初花期为宜（图4-4）。过早穗梗没有充分发育，无标准参照，难操作，过晚导致营养耗散。

图4-4　葡萄花序整形时期

花序整形对耐运输能力较差，并且需要激素处理的欧美杂交种品种（如巨峰、先锋、阳光玫瑰）是硬性需求；对耐运输能力较强，同时不需要激素处理的品种（如甲州、玫瑰蓓蕾-A、早生康贝尔等），能使穗形更加完美与标准化。

（1）**自然紧凑型葡萄品种花序整形**　对于自然坐果较好的品种，如甲州、玫瑰蓓蕾-A、早生康贝尔等，果穗能依靠自然坐果发育成紧凑型。花序整形时，在初花期先掐去全穗长1/5 ～ 1/4的穗尖，再剪去部分副穗和歧肩，最后从过大的花序上部剪掉2 ～ 3个大分枝，尽量保留中下部小分枝，使果穗紧凑，并达到要求的短圆锥形或圆柱形标准（图4-5）。这类品种由于自然结实性好，省去激素处理。

图4-5 玫瑰蓓蕾-A果穗整形（左：示意；右：实物）

（2）**激素诱导紧凑型葡萄品种花序整形** 对于巨峰、先锋、阳光玫瑰等品种，果穗需要依赖激素处理诱导成紧凑型。花序整形方法是仅留穗尖部分，不同品种穗尖选留长度略有不同，巨峰留3.5～4cm，先锋留3.5cm，藤稔、翠峰留3～3.5cm，阳光玫瑰留3～4cm（山梨县农协资料）。见图4-6。

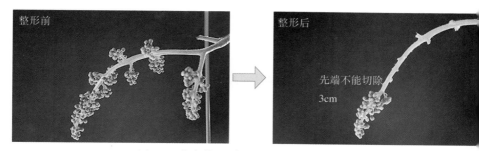

图4-6 花序整形（阳光玫瑰）

花序整形完全手工操作，应认真细致。通过花序整形等措施，将巨峰、先锋、阳光玫瑰等品种果穗重控制在400～500g。见图4-7。

图4-7 整形后果穗（左：巨峰；中：阳光玫瑰；右：阳光甜）

阳光玫瑰花序畸形率高于巨峰及先锋等品种，其克服方法：一是可以1个结果枝留2穗果来弥补正常花序的不足；二是可以对畸形花序进行合理利用。畸形花序的表现及利用方法如下（图4-8）：

①花序先端分支：一种做法是将1个分支从分叉处剪掉，恢复正常状态再利用；另一种做法是将2个分支从分叉处同时剪掉，再利用分叉处上段部分。

②花序先端扁平肥大：需将肥大部分剪掉0.5～1 cm，再利用上段部分。

③花序先端分化不完善：需将先端剪掉，再利用上段部分。

④主穗无法利用：可利用花序顶端副穗（如下文）。

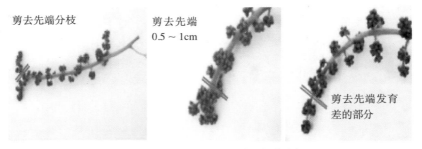

图4-8 花序整形利用（阳光玫瑰）

（3）阳光玫瑰副穗（支梗）的利用

① 利用方法。利用副穗（支梗）结实，保留支穗长度4.0 ~ 4.5cm，疏粒时穗轴长度7 ~ 8cm（图4-9）。

图4-9　花序整形利用（剪去主穗）

②副穗结实特点。副穗结实，可省去花序整形用工60%左右，值得借鉴（表4-3）。

表4-3　花序整形部位及花序伸长处理对整形时间的影响
（里吉有贵，2016）

处理		每1 000m² 作业时间（h）	节省时间（%）
花序整形部位	花序伸长		
上部支梗	3mg/L GA₃处理	6.5	66
	5mg/L GA₃处理	7.4	62
	无处理	7.5	61
主穗先端（CK）	无处理	19.3	

注：品种为阳光玫瑰，18年生，长梢修剪，每1 000m²5 000穗。

利用支梗结实比利用主穗尖结实，表现坐果略低，果粒略小，穗重等级450～550g（2L）比例增加，商品化率降低（表4-4）。为此建议幼树阶段慎重采用。

利用顶端副穗结实，开花早，浆果成熟也早，值得生产借鉴。

表4-4 花序整形部位及花序伸长处理对浆果品质的影响
（里吉有贵，2016）

处理		穗重 (g)	粒重 (g)	轴长 (cm)	糖度 (%)	果皮色 (色卡值)	果穗等级（%）			秀品 (%)
整形部位	花序伸长						3L	2L	L	
上部支梗	3mg/L GA₃处理	544	16.3	7.7	18.0	3.3	50	48	2	60
	5mg/L GA₃处理	555	16.3	7.9	17.7	3.2	44	50	6	64
	无处理	548	16.1	7.7	18.0	3.2	56	42	2	80
主穗先端 (CK)	无处理	603	17.6	8.1	18.0	3.0	82	18	0	90

注：1.品种为阳光玫瑰，18年生，长梢修剪。

2.等级标准为山梨县水果销售标准：3L:550～650g; 2L:450～550g; L:350～450g。

2.穗轴长度调整

第一次激素处理7d后，坐果已经清晰，穗轴长度得到延伸，此时需对果穗修整。通常阳光玫瑰此时穗轴长度10cm左右，应剪掉肩部几个支穗，保证穗轴长度在7cm之内（图4-10）。同时，对穗尖坐果不好的，此时也可适度回缩，严重时还可将整个果穗疏去。这项工作对于下一步疏果可节省大量时间。

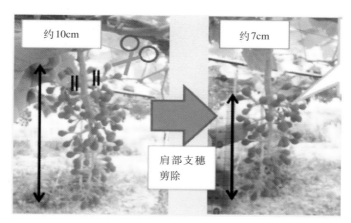

图4-10　穗轴长度调整

3.疏果

疏果是控产的基础环节之一。疏果的目的是保证果粒相互不挤压，避免裂果，利于浆果膨大，提高商品质量。疏果后使果穗实现单层果粒，为生长留足空间，同时每个果粒可充分见光，发育整齐一致，营养集中，提高外观品质及内在品质。

依赖自然坐果的品种如玫瑰蓓蕾-A、甲州等不必疏粒，只需通过花序整形来调整果穗大小；但开展无核化栽培的品种，如巨峰、先锋及阳光玫瑰等必须开展人工疏果。

（1）疏果时间　人工疏果一般在花后1～2周，即果粒达到大豆粒大小时开始进行（需要激素处理的品种在第二次激素处理前后进行），花生粒大小结束，此时恰是细胞分裂期，疏果越早对浆果膨大越有益。生产中，疏果一般分2次进行。

①第一次预备疏果。第一次激素处理后1周，即花后7d左右，浆果大豆大粒时（图4-11）。

图4-11　第一次预备疏果（左：疏果前；中：疏果中；右：疏果后）

　　对于阳光玫瑰，激素处理后，浆果膨大效果没有四倍体品种巨峰及先锋好，因此应早疏果为宜。

　　②第二次终极疏果。第二次激素处理后，即花后15d左右，浆果花生粒大时（图4-12）。

　　（2）疏果标准　通过果穗整形及疏粒后，将果穗整理成圆柱形，果粒单层均匀分布，充分见光，大小一致，着色均匀一致，外观漂亮（图4-13）。

图4-12　第二次终极疏果（左：疏果前；右：疏果后）

图4-13 疏果效果（左：阳光玫瑰；右：先锋）

各品种疏果标准如穗重、单粒重及每穗粒数等指标略有差异，如阳光玫瑰的疏果标准见表4-5。

表4-5 阳光玫瑰生产标准
（大阪府，2017）

每1 000m² 产量（kg）	果穗支梗数量（段）	果粒着生数量（粒）	单粒重（g）	穗重（g）
1 800	10～13	45～50	>13	500～700

巨峰的疏果标准为：单穗重350g左右，单粒重12g，每穗30粒。

（3）**疏果方法与标准** 先疏有核果（无核化生产）、畸形果、伤病果等，接着疏着生位置向外侧明显突出、向内生长、中部支梗着生的向上与向下生长的果粒（含穗肩部支梗向下生长及穗尖部支梗向上生长的果粒），选留平行向外生长的果粒。

最后，果穗肩部要多留向上生长果粒，以掩盖穗轴；穗尖多留向下生长的果粒。如果穗尖由于畸形或发育差，整形时对穗尖进行了修剪，则尤其应多留向下生长的果粒，以掩盖剪口，使穗形饱满。

对于阳光玫瑰，疏果方法是留支梗10～13个，其中上部支梗留果4～5粒，中部支梗留果2～3粒，下部支梗留果1粒。（图4-14，表4-6）。

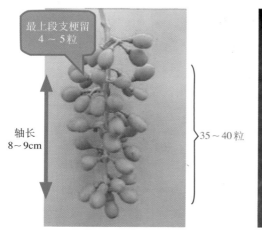
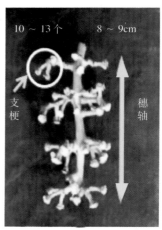

图4-14　阳光玫瑰疏果

　　疏果要求达到紧而不挤，疏而不散。部分品种的疏果方法见表4-6。

表4-6　葡萄疏果方法参考指标
（果树技术普及中心，2014）

品种	阳光玫瑰	藤稔	先锋	巨峰
粒数与分支数	5粒×3分支	4粒×2分支	4粒×3分支	4粒×3分支
	4粒×3分支	3粒×3分支	3粒×3分支	3粒×3分支
	2粒×5分支	2粒×5分支	2粒×4分支	2粒×6分支
	1粒×3分支	1粒×3分支	1粒×3分支	1粒×3分支
果粒数（粒）	40～50	28～30	32	35～40

　　对于巨峰系品种疏果，如果用一15个支梗组成的果穗模型来表示，从上到下见图4-15。

图4-15 巨峰疏果（左：疏果方法；右：疏果效果）

三、外源激素处理

外源激素处理可拉长花序，调节坐果，诱导无核，促进果粒增大，生产出优质葡萄，提高经济效益。

1. 外源激素及辅助试剂

生产中常用的外源激素有赤霉素（GA_3）、吡效隆（CPPU）等。链霉素不属于激素类，但可以诱导葡萄无核，因此，常作为辅助试剂选用。

（1）赤霉素、吡效隆 赤霉素与吡效隆是细胞分裂素类，可促进细胞分裂。赤霉素主要成分是GA_3，实际上还有GA_4、GA_7等成分，作用有一定的差异。吡效隆作用比赤霉素强大。

（2）辅助试剂 链霉素在诱导葡萄无核方面作用强大，因此无核化生产中常使用。

为了提高无核化药剂的吸收效果，常常在药剂中添加展着剂。

2. 外源激素处理方法

激素处理有专用工具，如塑料杯、小型喷雾器等（图4-16）。处理方法为浸蘸及喷雾。由于激素处理通常采用浸蘸法，而此时花序（果）梗很脆嫩，需精心操作，防止折断。其实多预留出的花序，包含有激素处理过程中可能损失的部分。

图4-16　激素处理工具

激素处理效果与环境因素相关。具体处理时间，上午9:00前，下午3:00以后，应避开炎热的中午为宜，以减少药液日照蒸腾。露地栽培，处理后5h内降水量达到5mm以上，应重新处理，否则效果差。土壤干旱，应补充水分，增加土壤湿度，提高处理效果。

为了标记已经处理过的果穗（花序），往往在药液中添加色素发挥提示作用（图4-17）。

图4-17　激素处理

3.激素作用

（1）拉长花序 拉长花序能节省后期疏果用工。阳光玫瑰花前10d左右用，即新梢生长到4片叶左右，配制浓度为2mg/L GA₃，用小喷雾器对花序处理1次（图4-18），能达到拉长花序的目的。

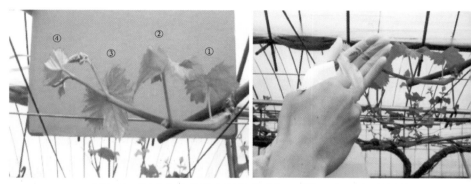

图4-18 阳光玫瑰拉长花序处理（左：时期；右：喷雾处理）

（2）花前诱导无核

①赤霉素诱导葡萄无核。对于玫瑰露这样的品种，花前14d，用浓度为100mg/L GA₃处理1次，诱导形成无核果（第一次激素处理）（图4-19）。

图4-19 玫瑰露激素处理时期
[左：第一次处理时期（穗轴开始发黄）；右：盛花期]

②链霉素诱导葡萄无核。对于阳光玫瑰这样的品种，花前14d到初花期，用浓度为200mg/L链霉素处理（整株喷雾）1次，诱导形成无核果。

（3）花期诱导无核、促进坐果与浆果膨大（第一次激素处理）适宜品种如巨峰、先锋、阳光玫瑰等，盛花期到盛花后3d，用浓度为25mg/L GA$_3$浸蘸处理，可诱导无核，促进坐果，同时促进浆果膨大。对于先锋等果梗易硬化的品种，赤霉素的浓度可降为12.5mg/L（图4-20）。

图4-20　巨峰激素处理时期（左：盛花末期；右：盛花后10～15d）

为了稳定坐果，促进果实膨大，第一次赤霉素无核化处理液中可添加一定量的CPPU，使其浓度为2～5mg/L。

（4）花后促进浆果膨大（第二次激素处理）

盛花后10～15d对果实进行浸蘸处理，促进浆果膨大。见表4-7。

对于玫瑰露这样的品种，用浓度为100mg/L GA$_3$处理1次。见图4-19。

对于巨峰、先锋、阳光玫瑰等品种，用浓度为25mg/L GA$_3$处理1次。见图4-20。

表4-7　葡萄激素处理方法

品种	药剂与浓度（mg/L）	使用时间
巨峰、先锋、阳光玫瑰	第一次激素处理： GA_3 25+CPPU 2～5 第二次激素处理：GA_3 25	盛花至盛开后3d 第一次施药后10～15d
玫瑰蓓蕾-A 玫瑰露	第一次激素处理：GA_3 100 第二次激素处理：GA_3 100	盛花预估日前14d 盛花后10～15d

4. 外源激素处理中需注意的事项

（1）**第一次激素处理时期**　巨峰、先锋、阳光玫瑰等处理的最适宜时间为盛花期到盛花后3d。处理早了，穗轴会弯曲，僵果比例增加；处理晚了有核果比例增加，同时坐果不好。见图4-21。

图4-21　第一次激素处理时期

（2）**CPPU的合理选用**　第一次激素处理添加了CPPU，能扩大处理期限，稳定坐果，促进浆果膨大。此时阳光玫瑰处于幼树期，第一次激素处理添加2～5mg/L CPPU是必要的，因为单独使用25mg/L GA_3 处理，坐果较差，同时浆果膨大不够，表现果粒小，成熟期黄斑病也容易发生。见表4-8。

通常CPPU的使用浓度为2～5mg/L，随着浓度提高，浆果变大，果形变长，果脐明显并凹陷，果面有棱状凸起，果皮变厚，果肉常出现空心等，同时裂果增加，糖度变低，浆果成熟推迟。为此建议仅使用1次，即第一次激素处理时添加。

表4-8　不同浓度CPPU的使用效果

（大阪府中央农业技术指导中心，2008）

CPPU浓度 （mg/L）	果穗重 （g）	摘粒前 果粒数 （粒）	最终果粒数 （粒）	单粒重 （g）	肩部单粒重 （g）	肩部果糖度 （%）
0	438.0	60.2	48.8	9.0	12.2	17.4
2	575.4	62.1	47.0	12.2	16.2	21.2
5	603.8	63.3	48.1	12.6	16.5	21.0

注：试验品种为阳光玫瑰。

　　（3）激素处理的两面性　激素处理有许多优点，但也有一定的副作用。一般激素处理后果实风味变差，这是共识，为此不得不严格控制产量来缓和品质的下降。同时处理后果梗变硬，弹性变差，落果增加；处理后果皮也变厚，韧性变差，裂果增加，果粉也会减少（图4-22）。

图4-22　激素处理果（左：巨峰；右：阳光玫瑰与巨峰）

　　花序整形、激素处理、疏果等作业，是葡萄生产中用工量最大的一部分。尽管日本劳动力非常紧张，但激素处理非常盛行，都是为了生产整齐均一的果穗（穗重、粒重、色泽一致）。果穗外观很大程度上决定了市场价格，所以种植户尽最大努力来获得整齐的果穗、完美的紧凑度、整齐度和色泽。

5. 阳光玫瑰激素处理

（1）无核化处理 为了预防有核果的混入，开花2周前到初花期（图4-23），采用1 000倍（200mg/L）链霉素喷布或蘸花序，诱导无核果产生。同时为了拉长花序，减少后续疏果用工，此时可选用2mg/L GA₃处理，两者可结合作业。

或在盛花期到盛花后3d，采用25mg/L GA₃浸蘸处理。为了稳定坐果，促进果实膨大，本次处理液中可添加2~5mg/L CPPU。见图4-24。

图4-23 阳光玫瑰初花期

图4-24 第1次激素处理时间（左：处理前；右：处理后）

（2）**膨大处理**　第一次施药后10～15d，采用25mg/L GA$_3$对果实进行浸蘸处理。见图4-25。

图4-25　第2次激素处理时间（疏果后）

四、果穗套袋与打伞

果穗套袋与打伞能为浆果发育提供良好环境，免受外界危害，提高浆果外观及内在品质，实现更高经济效益（图4-26）。

图4-26　阳光玫瑰套袋

1. 果穗套袋的作用

果穗套袋可防止农药污染，提高食用安全性；避免灰尘污染和叶片摩擦，提高果面光洁度，提高浆果等级；阻止暴雨、冰雹、沙尘和鸟兽等侵袭，减少病虫侵害，达到优质稳产的目的；同时改善果面微气候环境，调整果品着色程度，最终提高外观品质。见图4-27。

图4-27　果穗套袋效果

2. 葡萄袋种类

葡萄果袋一般是由专业企业生产的纸质袋。根据品种果穗大小，规格不尽相同；根据纸质袋性质、材料及颜色等，作用各有不同。通常深色袋防日烧，但同时不利于浆果上色。见图4-28。

图4-28　葡萄果袋

3.果穗套袋技术

套袋前需确定选留果穗数量，对于多预留的部分应最后疏掉，完成疏穗工作。同时，套袋前需进行果穗整理和消毒灭菌，如果施药3d内套袋工作没有按时完成，还需补施药。为减少日烧发生，应灌1次透水，提高地面湿度。该阶段可适当生草，缓解温度剧变。

套袋过程中，果穗应放置在袋中部，保证不与袋壁接触，前期可避免日烧，后期可防止摩擦果粉。封口时铅丝捆绑在穗梗（柄）处，而不是绑在结果枝条上；套袋封口应严实，避免雨水和病虫等侵入（图4-29）。

图4-29　果实套袋方法

套袋应在上午10：00以前或下午4：00以后非炎热时段进行。套袋系精细作业，用工量大，人均日套袋量3 000个左右。见图4-30。

图4-30　葡萄套袋

4. 阳光玫瑰套袋技术

阳光玫瑰套深色果袋，浆果亮丽青绿，日烧病发生概率低，降低果实成熟期的黄斑指数，提高果实品质，但推迟采收期（3～4周）。为此，以推迟采收为目的，应选择深色果袋，套袋时期宜在浆果软化期进行，过早套袋，糖度上升缓慢，过晚套袋影响推迟效果。选择白色果袋，果皮金黄，成熟早。见图4-31。生产中应合理选用。

图4-31　葡萄有色袋效果

5. 果穗打伞

果穗打伞能防止雨水及灰尘等污染，降低病害发生，使浆果外观漂亮，品相提升。伞盖通常为塑料或纸质材料，塑料伞盖一般可重复利用。对于不易着色的葡萄品种，采收前1周到1个月左右需要摘袋，对于巨峰、先锋等易上色品种，摘袋打伞，可进一步促进着色均匀，提高糖度，延迟采收，提高商品价值。见图4-3、图4-33。

对于阳光玫瑰打伞，除了上述作用外，打深色伞盖，在继续提高糖度的同时，可有效推迟色泽发育，减轻或避免黄斑形成，有效推迟采收期。见图4-34。

图4-32　伞盖材料　　　　　　　　图4-33　果穗打伞

图4-34　阳光玫瑰打伞

五、阳光玫瑰果锈的预防

伴随阳光玫瑰果皮由绿色转换成黄色，果皮会逐渐产生果锈，且逐渐加重，影响浆果外观品质，直接影响市场售价。但到目前为止其形成原因不明。

果锈发生与下列因素相关：

2～3年生幼树发病较重，伴随树龄增加，树冠扩大，逐渐减少，6年生以后，发生更加减少。套有色果袋（绿色、青色）利于减轻（图4-35、图4-36）。

开花75d之后，果粒糖度达到17%开始发病，当糖度超过18%后发病重。结果多、糖度上升慢、收获期推迟等，发病重。

成熟期赶上高温高湿的梅雨季节果锈发生严重。果皮中钙元素含量高，不易发病。钾元素与钙元素在被利用方面有拮抗作用，应引起注意。

图4-35 阳光玫瑰果锈症

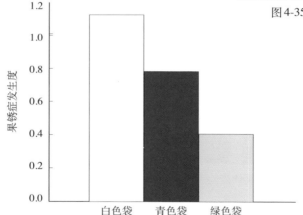

图4-36 阳光玫瑰果锈症发生与套袋色泽的关系

六、促进浆果着色技术

日本系海洋性气候，夏秋季昼夜温差较小，对葡萄上色不利，因此积极推广易着色的品种。对于不易着色的品种，生产中常采用主干环剥及铺设反光膜来促进浆果着色。

1. 环剥

环剥即环状剥皮，主要在葡萄膨大期及转色期采用，进一步促进浆果膨大与转色。在鲜食葡萄生产中应用广泛，常常连年开展。一般说来，环剥可在新梢、结果母枝、主蔓或主干上进行。为了方便，一般在多年生主干上环剥。

具体做法：在主干上用刀横向将树皮呈双环状切开，并剥掉完整的一圈皮，不要伤及木质部，环剥宽度一般为2～5mm（图4-37），从而阻断树体养分向下输送，增加环剥口以上同化养分和植物激素的积累，加强环剥口上部各器官的营养，以达到促进浆果膨大、增色、提早成熟的效果。为了促进环剥口愈合，需要对环剥口绑扎。

图4-37 环剥（环剥口与环剥口愈合）

应用环剥技术时，需要加强肥水管理，搞好疏果，控制产量，避免削弱树势。环剥有专用工具，应选择使用。

2. 反光膜的应用

葡萄除了叶片光合作用需要光外，浆果着色也需要光照。研究表明，浆果见光比不见光易上色，因此，从浆果转色期开始，需要创造条件，增加叶片及浆果的光照。

锡箔纸、白色或银灰色地膜具有反射光的作用，生产中已经得到应用（图4-38）。

图4-38　覆盖锡箔纸及地膜反光

七、产期调控

葡萄产期调节，首先通过设施进行促早生产，达到果品提前上市的目的；其次通过延迟采收或通过储藏，延长销售期。如阳光玫瑰加温栽培7月份可上市，通过延迟采收可到10～11月上市，通过储藏可于12月份上市，大大延长葡萄的市场供应期。不同时期市场供给量差异较大，价格波动也较大（图4-39）。

1.促早栽培

葡萄上市时间不同，产值大不相同，这是葡萄产期调节的诱因（表4-9）。但是葡萄有生理休眠现象，当树体休眠不足时，表现树势衰弱，果实品质降低，产量不稳定等。可见促早是有限度的，为此，虽然超早加温栽培模式产值高，但有风险，栽培面积不大。

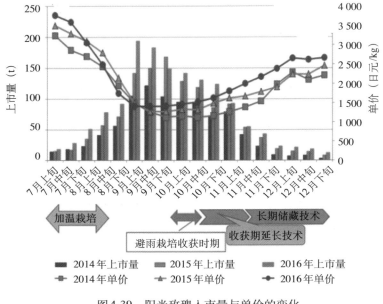

图4-39 阳光玫瑰入市量与单价的变化
（日本园艺农业协同组织联合会，2017）

表4-9 栽培模式、品种、单价、面积与产值
（农中综研调查与情报，2018）

栽培模式	面积 （m²）	品种	每千克价格 （日元）	每1 000m² 产值 （千日元）
超早加温	1 300	阳光玫瑰	14 829	22 244
早期加温	700	阳光玫瑰	7 532	11 289
普通加温	2 000	巨峰	1 722	2 583
	700	阳光玫瑰	4 112	6 168
露地	4 000	巨峰	910	1 365
	800	阳光玫瑰	1 913	2 870

栽培模式调整后，一方面农事作业时间能够得到有效错开（表4-10），缓解了劳动力不足的问题，受到欢迎；另一方面，销售期延长，缓解了销售矛盾，增加了效益。

表4-10　栽培模式及作业时间

栽培模式	作业时间							
	2月	3月	4月	5月	6月	7月	8月	9月
超早期加温								
早期加温								
普通加温								
露地								

注：▨花果管理；▨采收。

2. 避雨栽培

在日本，葡萄避雨栽培是主体，面积最大，技术传统且经典，其他栽培方式都是由此衍生而出。

3. 延迟采收栽培

葡萄延迟采收，是利用葡萄浆果充分成熟后可在树上挂果2～3个月，而且品质不断提高，如果粉加厚、糖度提高、香味更加浓郁等特性，形成的栽培模式。见图4-40。

延迟采收是日本葡萄生产经营的主体思路，首先市场得到缓解，其次浆果在延迟采收过程中，品质继续得到提高，保证了葡萄产品的高质量。如今，巨峰、先锋、阳光玫瑰可延迟到11月上旬采收，创造了更高的经济效益，当然葡萄延迟采收有现代工业（良好的包装、运输及贮藏条件）为其保驾护航。

图4-40　延迟采收的巨峰葡萄

4. 贮藏

　　近几年来，阳光玫瑰受到青睐，经过简易冷藏（温度0.5～2℃，湿度90%～95%，冷藏期2～4个月），可贮藏到12月中旬，价格高昂（图4-41）。

图4-41　阳光玫瑰（贮藏到12月份的果实）

八、促早栽培技术

1. 设施选择与加温措施

多采用双层保温设施（包括双层膜连栋大棚），进行严格保温管理，然后再利用燃油热风炉加温，每1 000m^2 2～3台（图4-42）。

图4-42　热风炉加温

2. 合理选择品种

在日本长期以来，促早栽培以早熟品种玫瑰露为主。中晚熟品种如巨峰、先锋、亚历山大、甲斐路等，有些地区也选用，以满足市场需求，但规模非常小。9月份露地巨峰葡萄已经大量上市，而设施促早生产的亚历山大、甲斐路等品种才上市，但比巨峰价格高，有稳定的市场，所以一直还在生产，是市场成熟的表现。

近年来，阳光玫瑰是设施促早栽培最多的品种，表现出良好的经济效益。

3. 促早生产技术

在日本，农户根据设施保温能力及技术能力选择栽培方式，形成稳定的技术、市场和收益。其不同生育阶段温度及湿度管理见表4-11。

表4-11 设施葡萄温湿度管理指标与方法

温度单位：℃

生育期		覆膜至开始加温	开始加温至萌芽期	发芽至新梢伸长	开花期	果实膨大至采收期	采收期
普通加温	白天温度(通风温度)	—(35)	25～30(35)	25～30(30)	25～30(28)	25～30(28)	
	夜温	保温	15～18			设施开放	
无加温	白天温度(通风温度)		—(35)	—(30)	—(28)		
	夜温		保温			设施开放	
灌水			高湿度管理	适宜湿度与灌水		持续晴天5d灌水1次	半个月无雨灌水1次

第五章

土肥水综合管理

　　日本栽培葡萄的土壤类型主要有黏质土壤、沙丘地土壤、火山灰土壤，不同的土壤类型决定了其土壤管理上的差异。在土壤管理模式上，广泛采用生草制，使土壤的气相、液相、固相三相占比合理。在土壤的改良和施肥上，日本重视培肥土壤，采取以有机肥为主，化肥为辅的策略，有机肥与化肥的使用比例为8：2，果园土壤有机质含量最高达到6%～8%（图5-1），土壤理化性质优良，外观上看与我国东北传统的黑土相近。生产中根据土壤地力水平和树体叶、果营养成分的测定结果，确定果园施肥种类和施肥量；根据葡萄的营养周期，在葡萄生长发育过程中，进行科学追肥，达到肥力充足，营养成分均衡，实现稳产优产的目的。

图5-1　葡萄园土壤管理

一、土壤管理模式

　　根据不同的立地条件和栽培方式，土壤管理模式有生草法、清耕法及覆盖法。

1. 生草法

　　这种模式在日本葡萄园土壤管理中应用面积最大，日本山梨县胜沼地区露地栽培的葡萄园有95%以上采用此法。生草法主要有自然生草和人工种植生草。人工生草主要品种有苜蓿、草木樨、白三叶、禾本科杂草等（笔者在考察过程中，雨后进到葡萄园鞋上没有粘到泥土）。此法能够起到保土、保墒、增肥、保护天敌、维护生态平衡的作用，同时有利于改善土壤结构，减少土壤流失，避免土壤湿度和温度的剧烈变化，从而减轻葡萄裂果、日烧、着色障碍等生理病害（图5-2、图5-3）。

图5-2　土壤生草
　　　管理

图5-3　机器割草

生草法管理中要及时割草，不然会导致病虫害加重，并与葡萄树体争夺养分和水分。每年需要割草3～4次，割下的草在树下腐烂作为有机肥料，可以提高土壤有机质含量，培肥土壤。

2. 清耕法

采用清耕法的不足是有机质消耗快，水土流失相对严重，土壤易板结；优点是土壤升温快，果园清洁，在设施加温促早栽培中应用较多（图5-4）。

图5-4　加温促早栽培采用清耕法

3. 覆盖法

日本土壤管理上自古就有覆盖稻草、树叶的传统。通过覆盖能够改善土壤理化性质，减少果园土壤地表径流，避免土壤温湿度剧烈变化及防杂草。目前覆盖多采用稻草和树叶，随着覆盖材料种类的增多，也有用防草布等材料进行覆盖，见图5-5、图5-6。

图5-5　树盘覆盖稻草

图5-6　树盘铺设木屑或树叶预防杂草

在设施促早栽培中，也有采用覆盖法管理的果园，见图5-7。在限根栽培中，行间铺设银白色防草布，既能保护土壤又起到反光促上色的作用。

在生产中许多果园将这些方法混合使用，例如在前期采用覆盖法，后期采用生草法，以利于优质果生产。

图5-7　全园铺设材料预防杂草
（左：铺设稻草；右：设施限根栽培行间铺防草布、树下铺稻草）

二、施肥技术

1. 肥料种类与施肥量

（1）肥料种类　日本葡萄园非常重视土壤质量，整体思路是以提高有机质含量、增强土壤优良理化性能为核心。露地栽培时，全年施肥一般分2次，即休眠期至萌芽前施入底肥，10月份追施复合肥。每年秋季施用大量完全腐熟有机肥（如鸡粪、猪粪等发酵肥）并加入苦土、石灰、菜籽饼、鱼粉、骨粉、粉碎的葡萄枝条等（有机肥提供氮、磷、钾等元素；苦土、石灰调节酸性土壤，补充钙、镁元素；骨粉用来补充钙元素），同时加入土壤益生菌来提高有机肥内微生物活性。葡萄收获以后根据生长需要施用化肥和其他所需元素肥料。

葡萄园施用有机肥的来源主要是农户自己堆肥或购买腐熟好的商品有机肥。自家堆制的有机肥在5～6月拉到积肥场，采用推土机翻倒3～4进行发酵（图5-8、图5-9）。

图5-8　农户自家堆制有机肥

图5-9　简易堆肥建筑

没有发酵场所的果园会购买商品有机肥，商品有机肥也是由动物粪便等有机物发酵而成。见图5-10。

图5-10 商品有机肥

在有机肥发酵过程中添加EM菌等益生菌，可以有效提高土壤活力，促进土壤内的营养物质被葡萄吸收利用，见图5-11。葡萄枝条本身含有大量树体所需的营养物质及微量元素，秋季或春季将修剪下的枝条粉碎并与有机肥一同施入土壤中，既减少焚烧枝条带来的污染，又能够提高地力，见图5-12。

图5-11 加入菌剂发酵后的肥料
（表面有大量的益生菌）

图5-12 枝条粉碎后添加到堆肥中

　　生产中为了补充氮、磷、钾、镁、钙等葡萄所需元素，在施入底肥的时候会加入镁肥、钙肥、硼肥等，在树体生长期和树体营养积累期施入化学复合肥料，见图5-13。

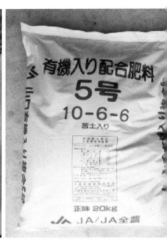

图5-13　化学肥料

　　（2）**施肥量**　前文提及日本的葡萄园土壤类型差异较大，其中沙土保肥差，肥力流失较多，在基肥和追肥的施用量上会有所增加。黏质土的中、下层土壤通气性差，养分含量低，肥力移动性差，在施用有机肥时应尽量深施来改良土壤。火山灰土壤中的磷易被固定，在磷肥常规施用量上要加大10%～20%，同时pH值略低，酸性较大，通常加入生石灰进行改良。

　　日本葡萄种植多为分散农户式经营，每家的经营方式都有所不同，施肥的习惯不尽相同，下面以长野县中野市设施促成栽培巨峰为例，其每年施肥量见表5-1。底肥施用占全年氮肥施用量的70%，磷肥的100%，钾肥的60%（促早栽培的施肥量是一般露地栽培施肥量的1.5～2倍，当地露地栽培葡萄施肥中有1m²施用1kg腐熟堆肥的说法）。

表5-1 施肥设计表

肥料名	施肥时期	施肥量（kg）
菜籽油粕	10月上旬	180
磷肥	10月上旬	60
硝酸铵	自然落果后	5
硝酸铵	果实采收后	5
硫酸钾	10月上旬	12
硫酸钾	果实膨大期	8
苦土石灰	10月上旬	100
堆肥	12月上旬	3 000

注：1月中旬加温栽培，每1 000m² 施肥重量。

日本葡萄生产在经验施肥的基础上，根据土壤肥力水平（图5-14）和树体叶、果营养成分的测定结果，确定果园施肥量。土壤检测

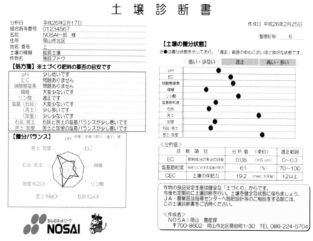

图5-14 专业公司测定土壤诊断书
（包含土壤元素含量、酸碱性、含盐量，并提供施肥建议）

内容主要包括酸碱度、盐分含量、腐殖酸含量、可溶性氮含量、有效磷含量、速效钾含量等，检测机构为农协或专业公司，一份葡萄园土壤检测费用为5 000 ~ 6 000日元。

为了方便判断叶片营养水平，采用葡萄叶色诊断板来进行简易诊断，见图5-15。

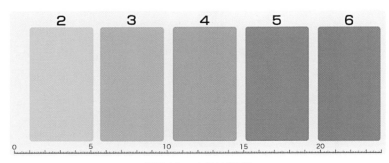

图5-15　叶色诊断板

2. 施肥方法

对于非水溶性肥料，如农家肥、生物菌肥等有机肥，采用穴施、沟施、全园铺施的方法。其中小苗定植时采用穴施，2 ~ 4年小树施肥，采用沟施（图5-16）。

图5-16　定植时采用穴施和沟施有机肥
（左：穴施示意；中：穴施有机肥；右：沟施有机肥）

　　5年生以上大树施肥则是将有机肥均匀抛撒在葡萄架下，然后采用微型耕翻机深翻作业覆盖。见图5-17。

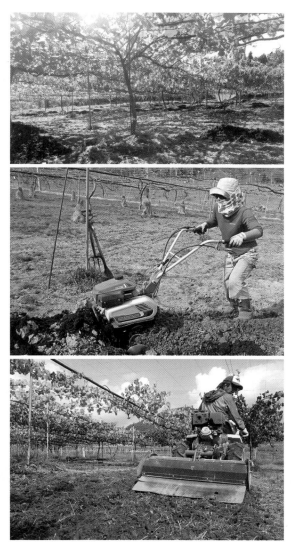

图5-17　大树施肥方法（上：撒肥；中、下：机械耕翻）

化学肥料的施用方法：一种是在施入基肥的时候与有机肥混拌；另一种是在生长季节直接撒施在地面，见图5-18。

图5-18　化学肥料直接撒施地面

一些水溶性肥料可通过高压泵打入地下或使用水肥一体化设备施入，节约施肥人力的同时提高肥料利用率。近年来随着智能化、自动化设备在农业上的应用，变量精准施肥技术在日本现代化园区中开始应用（图5-19）。

图5-19　水肥一体化装置（左：简易装置；右：变量精准施肥系统）

三、土壤改良

日本葡萄园的土壤改良与施肥是密切结合在一起的。

土壤改良分为土壤化学性状改良和物理性状改良两种。化学性状改良主要为调节土壤pH值、调节EC值（土壤电导率）、添加容易缺乏的微量元素等。土壤改良主要在秋施基肥时进行。

在设施栽培中，由于土壤常年得不到雨水的冲刷而引起pH值升高，出现土壤碱化现象，发生硼、铁等元素缺乏，同时设施栽培中土壤温度过高也会引起锰元素缺乏并表现出上色障碍，这就需要进行硼、铁、锰元素的补充。各个地区农协根据当地的土壤条件会给出土壤改良目标，见表5-2。

表5-2　福冈县葡萄园土壤改良目标
(2018.03)

项　目		非火山灰土			火山灰土	
		黏质	壤质	沙质	黑殖土	淡黑殖土
pH		6.0~6.8	6.0~6.8	6.0~6.8	6.0~6.8	6.0~6.8
阳离子交换量（cmol/kg）		15以上	12以上	8以上	15以上	15以上
盐基饱和度（%）	Ca	50~70	54~75	64~90	50~70	50~70
	Mg	10~15	11~16	13~19	10~15	10~15
	K	4~6	4~6	4~6	4~6	4~6
Ca/Mg		3~7	3~7	3~7	3~7	3~7
Mg/K		2~4	2~4	2~4	2~4	2~4
可溶性磷含量（mg/100g）		10~50	10~50	10~50	10~50	10~50
腐殖质（%）		3以上	3以上	2以上	5以上	4以上
硝态氮含量（mg/100g）		5以下	5以下	5以下	5以下	5以下

（续）

项 目	非火山灰土			火山灰土	
	黏质	壤质	沙质	黑殖土	淡黑殖土
EC（1∶5）（dS/m）	0.2以下	0.2以下	0.2以下	0.2以下	0.2以下
主要根群深度（cm）	30以上	30以上	40以上	30以上	30以上
有效根群深度（cm）	50以上	50以上	60以上	50以上	50以上
主要根群容积（g/100mL）	80~120	80~120	80~120	50~80	50~80
主要根群区域粗孔隙度（%）	12以上	12以上	12以上	12以上	12以上
地下水位（cm）	100以下	100以下	100以下	100以下	100以下

据资料记载，日本土壤多呈酸性，在葡萄园内增施大量的农家肥或有机物后会使土壤pH值进一步下降导致土壤酸化，进而引起镁元素的吸收拮抗等一系列障碍，所以在施用农家肥的同时会施入石灰及苦土（氧化镁）来对土壤进行调节（图5-20）。

图5-20　葡萄园撒施石灰调节酸碱性

　　物理性状改良主要为改善土壤肥效、利于土壤净化与活化、提高微生物活性、预防病害、促进生长等，可利用的原料主要有动植物残体、矿物质、合成化合物、工厂废弃物等（图5-21）。土壤改良主要使用的原材料见表5-3。

图5-21　焚烧稻谷壳做土壤改良剂

表5-3　主要土壤改良剂

类型		具体材料
动植物残体 土壤改良剂	植物残体	泥炭、腐殖酸类、绿肥、木炭、烧制成粒的硅藻土等
	动物残体	贝类、螃蟹壳等
矿物质 土壤改良剂	天然矿物	沸石、膨润土等
	岩石烧制材料	蛭石、珍珠岩等
	人工矿物	人工沸石
合成化合物 土壤改良剂		聚乙烯亚胺类、聚乙烯醇类等
微生物 土壤改良剂		VA菌根菌、EM菌等

（续）

类型		具体材料
动植物性废弃物 土壤改良剂	厨房垃圾	烹饪残渣、豆渣等
	植物残渣	稻草、稻谷壳等
	粪尿	家畜粪尿
含肥料 土壤改良剂		石灰质肥料、石膏、硅酸盐肥料等

四、水分管理

1. 灌溉方法

日本葡萄栽培普遍采用大树形，再加上土壤肥沃，葡萄根系发达，基本全园土壤均分布有大量的根系，根据这样的生长特点，普遍采用全园喷灌灌溉技术（笔者考察过程中未见到有大水漫灌的果园），喷灌喷头遍布全园，管道埋于地下或悬挂在架面，避免其影响土壤管理作业，以及因此带来的对管道的损坏。见图5-22。

图5-22　灌溉系统（左：悬挂式管道；右：下埋式管道）

近年来日本推广的根域限制栽培中，主要采用滴灌和微喷灌的方式进行浇水（图5-23）。

图5-23 根域限制栽培灌水（左：滴灌；右：微喷灌）

2. 灌溉时期与灌水量

葡萄栽培模式的不同、地力条件的不同以及气候类型的不同，往往导致浇水次数和灌溉量也有差异，其中山梨县露地巨峰水分管理见表5-4。

表5-4 山梨县露地巨峰葡萄全年水分管理作业历

（本作业历由山梨县果树试验场原场长樱井健雄编写）

时间	灌水量	备注
伤流至萌芽前	25mm，间隔7～10d	此时土壤干旱会影响发芽整齐度及萌芽率
萌芽期	保持土壤湿润而进行灌水	确保萌芽整齐
新梢生长至开花前	pF 2.3以下	土壤湿度过大会引起新梢徒长进而影响坐果

（续）

时间	灌水量	备注
花期	不进行浇水	避免坐果率降低，如果需要进行无核处理，在冲施肥的同时浇水
果实膨大期	pF不超过2.3	避免水分的剧烈变化以减少裂果的发生
果实软化期	pF不超过2.2	
果实成熟期	pF不超过2.1	土壤过于湿润会影响上色和成熟
果实采收后	pF不超过2.1	以免枝条贪青徒长

注：pF为土壤水势，数值越大代表土壤含水量越小，表示越干燥。

土壤的湿度一般采用田间持水量、土壤中水分重量百分比、土壤水分贮存量以及土壤水势来表示，其中土壤水势数值更利于指导农业生产。日本测定土壤水势采用的专门的小型仪器见图5-24。

近年来日本相关科研部门对阳光玫瑰的灌水技术进行了研究，结果表明土壤保持一定湿度条件下果实品质较高。2015年佐贺县果树试验场对比了阳光玫瑰软化期至收获期不同土壤湿度管理条件下的果实品质差异，见表5-5。

图5-24　土壤pF仪

表5-5 土壤不同水分管理对阳光玫瑰果实品质的影响

处理区	穗重 (g)	单粒重 (g)	糖度 (%)	酸度 (%)
干燥区	708.7	12.5	18.3	0.19
对照区	714.0	11.7	18.6	0.22
湿润区	709.7	11.9	20.2	0.26

注：干燥区土壤含水率为6%～8%，对照区6%～12%，湿润区12%～16%。

在超早加温温室生产中，一些地区使用锅炉或利用地热资源给灌溉水加温，以避免地下水温过低引起土壤温度下降，这种方法能够使树体生长整齐、健壮，成熟期提前7～10d，值得在温室促早栽培中借鉴。

3.水害预防

采用喷灌方法会使大量的水喷洒到小树的下部叶片及树体上，进而引发病害，所以在小树浇水时会铺设防雨布来进行预防（图5-25）。日本降水量比较大，果园需增设排水的明、暗渠，露地葡萄园近果实采收期遇强降水，地面可铺设塑料布预防涝害（图5-26）。

图5-25 小树铺设防雨布　　　　图5-26 露地葡萄园铺设塑料布

第六章

病虫害综合防治

　　日本降水量大、雨热同季，发生真菌性病害较多，按照欧美国家的葡萄区划来看是不适宜葡萄栽培的区域；同时日本全国森林覆盖率达69%，植被茂盛区域的葡萄园虫害发生也比较多，但由于采用一整套科学的病虫害防控体系和技术使得日本葡萄优质果率达到80%以上，见图6-1、图6-2。

图6-1　勝沼露地葡萄叶片防护效果

图6-2　勝沼露地葡萄果实防护效果（病坏果率较低）

　　在走访近百个葡萄园没有发现因病虫害而造成绝产绝收的，这与我国的葡萄产区形成鲜明的对比。生产过程中，从最开始种植时土壤的杀菌灭虫、苗木检疫、无病毒苗木（图6-3）的使用，到结果树病虫害防治上的科学系统、药剂选用低毒或无毒类型、重视统防统治，以及农业、生物、物理防治与化学防治相结合的技术措施的应用，为安全生产提供了保障。

图6-3　脱毒葡萄苗

日本对食品安全性非常重视，有着严格的监管，进入市场流通的葡萄均进行农药残留检测，因此在病虫害的防治上特别注重其安全性。

一、病虫害防治体系

日本在病虫害防治上总体以预防为主，十分重视病虫害的预测预报。生产过程中，农协按时发布预测预报信息，并提出防治方法供果农参考，果农使用的农药由农协统一从正规品牌厂家采购，药品质量能够有效保证（图6-4）。

　　日本葡萄生产者种植规模小，从业人员集中度低，统防统治难度大，为此农协在病虫害的预防上发挥着重要作用，各个地区的农协根据当地的主栽品种制定全年的病虫害防治作业历（图6-5），明确用药时间、种类、浓度等信息，同时在生产季节根据病虫害发生的情况及时发布防控信息。

　　农协还定期举办病虫害防治技术培训和田间指导（图6-6）。

 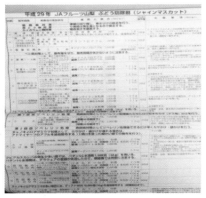

图6-4　农协提供的农药　　　　　　图6-5　农协发布作业历

图6-6　田间指导病虫害防治

二、农业防治技术

日本在农业防治、生物防治上重视程度高，通过环境友好的手段降低病虫害发病概率及减少喷施化学农药次数。

首先在品种选择上，露地种植的葡萄选择抗病力强的欧美杂交种，在栽培模式上采用避雨栽培的方式来减轻病虫害，提高果实品质。

其次在生产中保持树体健壮，增强树体自身的抗病虫能力；采用合理架式促进通风透光，减少病虫害暴发的概率，同时及时清理病果病枝，掩埋各种病虫枝、叶、干枯果穗，消灭越冬虫卵和病菌，降低病虫基数。考察期间在葡萄园内没有发现任何的间种作物，这也避免了很多粉虱、蓟马等虫害。

为提高果实外观和确保安全，避免农药直接喷到果面造成农药残留，进行果实套袋及打伞，也是降低病虫危害的有效方法。在套袋之前进行严格的疏果，避免果穗过于紧密引起的烂果和烂穗轴等病害发生。见图6-7、图6-8。

图6-7　通风透光良好的葡萄园

图6-8　掩埋病果病叶减少病菌源

在雨水较多的地区，通过避雨栽培（图6-9）能够减少由于雨水冲刷引起的霜霉病、白腐病等病害的发生。避雨棚的设立以雨水不能接触叶片和果实为关键。

图6-9　避雨栽培

三、生物、物理方法预防

采用不破坏环境的生物、物理手段杀灭病虫害，同时又能保护环境，增加害虫天敌。例如通过高压水枪去除老翘皮，降低病原菌基数，减少病害发生。在害虫成虫盛发期，利用频振式杀虫灯诱杀透翅蛾、夜蛾等害虫，减少果园卵量。见图6-10、图6-11。

葡萄主蔓绑扎具有黏着性的塑料带预防虎天牛等爬行危害的害虫，悬挂黄板诱杀蚜虫、蛾类、果蝇等害虫。见图6-12、图6-13。

果园还设置性诱剂诱杀害虫，利用害虫天敌，以虫治虫。见图6-14、图6-15。

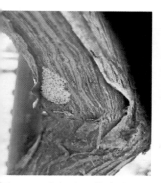

图6-10　老翘皮下的虫卵

图6-11　清除老翘皮

（左：高压水枪清除老翘皮；右：手工扒除）

图6-12　诱杀蓟马和蚜虫

图6-13　绑扎塑料带防虫

图6-14　预防菜青虫的性诱剂

图6-15　捕食螨

四、化学防治方法

在化学农药防治设备使用上，采用自走式喷雾车、电动喷雾器以提高喷药效率和质量。见图6-16。

图6-16 自走式喷药车

在农药的选择上尽量使用对环境污染小、低残留的药剂和剂型，选用水分散颗粒剂等高效剂型，同时为了提高药效还加入不同类型的展着剂。

日本是世界上较早提出并实践有机葡萄种植的国家之一，在有机栽培中使用天然提取物的农药，如无机硫黄剂、无机铜制剂、酵素、Bt菌剂、脂肪酸乳油等防治病虫害。

1. 农药喷施设备及个人防护

果农在喷施农药时非常注意自身的保护，一般穿戴专业防护帽、眼镜、口罩及防护服，见图6-17。

图6-17　果农喷药时防护严密

　　在土地不平整的果园不能采用自走式喷药车的情况下，采用电动喷雾机和喷雾器，也能有效保证喷药的效率和喷药质量，同时配有带有压力指示表的喷枪确保喷药雾化效果，见图6-18、图6-19。

图6-18　电动喷雾机

图6-19　带有压力指示表的喷枪

　　为了进一步提高效率，采用多喷头喷枪。在提高药剂的均匀性上采用电动搅拌装置，见图6-20、图6-21。

图6-20　多头喷枪

图6-21　药剂搅拌装置

2.传统天然矿物药剂的使用

日本法律规定葡萄园严禁使用剧毒、高毒、高残留农药，提倡使用植物源杀虫、杀菌剂，矿物油、矿物源农药，放线菌杀虫剂等。广谱预防性农药波尔多液与石硫合剂得到长期全面采用，喷施石硫合剂杀灭越冬病虫，喷施波尔多液预防霜霉病等多种病害。

日本采用的波尔多液为专业企业生产的商品波尔多液，在原有传统波尔多液的基础上添加悬浮剂，使得药剂能够长时间保存不产生沉淀，无机铜离子载体颗粒更加细小，保护效果更加持久。见图6-22。在走访的果园中均看到有喷施波尔多液的痕迹，喷施波尔多液后叶片受霜霉病危害大大减少。如图6-23、图6-24。

图6-22　预防性矿质农药（左：波尔多液成品；右：石硫合剂成品）

图 6-23　预防性农药（套袋后喷施波尔多液）

图 6-24　机器喷施波尔多液效果

五、化学药剂防治技术

　　科学用药贯穿整个化学药剂防治过程。科学用药包括药剂剂型的选择，药剂混配可行性，合理的施用时间，避免产生抗药性的合理施用间隔期，避免产生农药残留的合理施用安全期等，见图 6-25。同时日本在农药开发上走在世界前列，目前开发的农药向着低残留、低污染的方向发展，剂型上向着水和剂等分散好、对作物保护时间长的方向发展。

　　在露地栽培条件下，为保证葡萄的市场质量需要使用杀菌剂和杀虫剂，每年 10 次以上。设施栽培一年要用 5～6 次药，重点防治对象为白粉病、灰霉病、霜霉病、红蜘蛛和蓟马、叶蝉及蛀干害虫。下面以

【殺虫剤】	ぶどう	
	収穫前日数	使用回数
アーデント水和剤	7日前迄	
アーデントフロアブル	前日迄	4回以内
アディオンフロアブル		m
アディオン水和剤	7日前迄	5回以内
アドマイヤーフロアブル	21日前迄	2回以内
アプロードエースフロアブル		
アプロード水和剤		
アプロードフロアブル	30日前迄	2回以内
ウララDF		e
カスケード乳剤		
カネマイトフロアブル	14日前迄	1回
コテツフロアブル	60日前迄	2回以内
コルト顆粒水和剤	前日迄	3回以内
コロマイト乳剤		
コロマイト水和剤	7日前迄	2回以内
サムコルフロアブル10	前日迄	3回以内
サンマイト水和剤	90日前迄	1回
スカウトフロアブル	21日前迄	3回以内
スタークル顆粒水溶剤		
アルバリン顆粒水溶剤	o	
スピノエースフロアブル		
スプラサイド水和剤	n	2回以内
スプラサイド乳剤40		
スミチオン乳剤		
スミチオン水和剤40	c	
ダイアジノン水和剤34	r	2回以内
ダーズバンDF		
ダニコングフロアブル	前日迄	1回
ダニサラバフロアブル		

图 6-25　杀虫剂施用说明
（左列为杀虫剂名称，中间列为喷药与收获安全间隔期，右列为全年施用次数）

阳光玫瑰为例介绍2018年日本山形县根据葡萄不同生长期主要病虫害发生情况给出的全年防治药剂施用与注意事项（注：日本的很多药剂在国内没有销售，因此没有中文名称，文中括弧内标注的为药剂在日本国内商品名）。

1. 休眠期

落叶以后至休眠期喷施石硫合剂杀灭越冬虫卵及病菌，这个时期也是杀灭葡萄虎天牛（图6-26）的有利时期，施用药剂为杀螟松乳油300倍液（发芽之前最多施用2次）。近年来随着葡萄透翅蛾（图6-27）、小蠹类等蛀干害虫的增加，要及时清理老树皮（同时在生长季节要注意树周围杂草的清理），以清除树干内越冬幼虫。

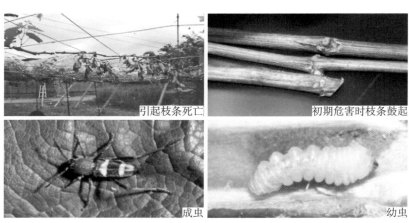

图6-26　虎天牛及危害状

图6-27　透翅蛾（左：成虫在树体上产卵；右：树体内幼虫）

2. 萌芽前

这个时期主要是防治叶螨类（图6-28）和锈螨类（图6-29），喷布石硫合剂的同时加入展着剂以提高药效。注意事项：此时喷施杀螟松乳油要与石硫合剂间隔在7d以上；叶螨、锈螨及褐斑病发生严重的园子一定要喷施石硫合剂。

图6-28　叶螨危害（左：危害叶片；右：危害阳光玫瑰果实）

图6-29　锈螨危害（左：危害叶片；中：危害果穗；右：成虫）

萌芽后3周内，树干涂抹有机磷农药（药名为ガットサイドＳ）1.5倍液杀灭蛀干害虫，防止出孔羽化。如果发现有蛀干害虫的蛀干孔，要将药剂灌入进行杀灭。若往年果园内发生椿象类（图6-30）害虫较多，在树体芽眼鳞片张开露绿时喷施杀螟腈（サイアノックス水和剂）1 000倍液与展着剂的混配液。

图6-30　椿象类害虫

3. 萌芽至展叶5～7片期

　　此期重点防治霜霉病、黑痘病（图6-31）、炭疽病、白粉病、灰霉病，喷施氟硅唑与代森锰锌的混合药剂（テーク®水和剂

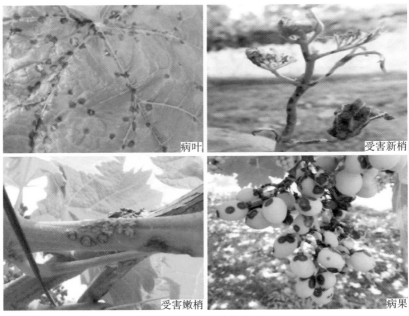

病叶　　　受害新梢

受害嫩梢　　　病果

图6-31　黑痘病危害状

1 000倍液）；防治蓟马、叶蝉、椿象类（图6-32）害虫喷施啶虫脒（モスピラン顆粒水溶剤1 000倍液）；防治叶螨类、锈螨等使用20%联苯肼酯（マイトコーネフロアブル1 000倍液）。

注意 叶螨类危害重的果园前期的防治非常重要。为了防治虎天牛，5月份要及时剪除受危害的枝条并集中销毁。

图6-32 椿象类害虫危害（左：被害叶片；右：幼虫）

4.开花前（5月末至6月初）

这个时期是预防灰霉病（图6-33）和炭疽病（图6-34）的关键时期，喷施37.5%嘧菌环胺·25%咯菌腈可湿性粉剂（スイッチ顆粒水和剤2 000倍）；预防茶黄蓟马、叶蝉及透翅蛾，喷施75%杀螟丹水溶剂（パダンSG水溶剤1 500倍）。

注意 施用药剂时要加入展着剂，盛花期要避免药剂的施用。花期前后是灰霉病容易发生的时期，要保持通风，降低园内湿度。37.5%嘧菌环胺·25%咯菌腈可湿性粉剂对樱桃叶易产生药害，如果附近有樱桃树要注意防止药剂漂移。白粉病发生重的园子要喷施氟菌唑（商品名为特富灵）。防止蓟马类时也要对枝干仔细喷施。

危害花序　　　　　　侵染叶片

危害果实　　　　储藏期发病

图6-33　灰霉病
　　　　危害状

侵染母枝　　　　　侵染果实初期

图6-34　炭疽病
　　　　危害状

侵染果实中期　　　　侵染果实后期

5. 落花后

这个时期是对灰霉病、蓟马（图6-35）重点防治时期。喷施新型苄基氨基甲酸酯类杀菌剂（ファンタジスタ顆粒水和剤3 000倍液，间隔期14d，全年施用3次以内）防治灰霉病、炭疽病、黑痘病、霜霉病；防治茶黄蓟马、叶蝉类（图6-36）、卷叶虫类施用1.4%四溴菊酯（スカウトフロアブル2 000倍液）；防治叶螨类施用2%放线菌杀虫剂（コロマイト®水和剤2 000倍液）。

幼虫及成虫　危害叶片　危害穗轴　危害果实

图6-35　蓟马及危害状

危害叶片

叶蝉幼虫

叶蝉成虫

黏杀叶蝉

图6-36　叶蝉及危害状

注意　注意：透翅蛾发生严重的果园采取全园铺设防虫网防止成虫飞入，且6～8月是重点防除时期，使用有效药剂定期喷施，当幼虫危害枝干部位时要及时对枝干进行喷药，清理主干周围的杂草，使用药剂为75％杀螟丹水溶剂（パダンSG水溶剂）、氟虫双酰胺（フェニックスフロアブル4 000倍液），交替喷施。这个时期新型苄基氨基甲酸酯类杀菌剂和2％放线菌杀虫剂可以混合一起施用。喷施时间为果粒小豆粒大小时，过晚会破坏果粉。

6.7月中、下旬

这个时期重点防治蓟马危害。果实疏果后进行套袋，套袋后2

周左右喷施1次波尔多液预防黑痘病、霜霉病（图6-37）、灰霉病、炭疽病、褐斑病、白粉病，如发现有病害发生混配喷施15%吡唑菌胺（三井化学フルーツセイバー®1 500倍液）或20%戊唑醇水剂（オンリーワンフロアブル2 000倍液）进行防治。7月中旬喷施16%噻虫胺（ダントツ水溶剂4 000倍液）防治茶黄蓟马、叶蝉类、椿象类、葡萄虎天牛、金龟子类（图6-38）、粉虱类，7月下旬喷施氟丙菊酯（拟除虫菊酯类，アーデントフロアブル2 000倍液）防治蓟马、叶蝉类、叶螨类、金龟子类。防治叶螨也可喷施新型甲酰苯胺类杀螨剂（ダニコングフロアブル2 000倍液）。

病叶　　　　　　　　　　　　　　侵染幼果

病果　　　　　　　　　　　　　　侵染嫩枝

图6-37　霜霉病危害状

图6-38　金龟子（左：危害叶片；右：金龟子成虫）

注意　药剂在施用时要注意轮换，避免产生抗药性，含硫的药剂施用间隔时间要在3d以上。在园中发现蛀干蛾类时全园喷施氯虫苯甲酰胺（クロラントラニリプロール水和剂），设施内外都要喷施。采用简易避雨棚的条件下，发现霜霉病有发生的可能时喷施霜脲氰颗粒水和剂3 000倍液，喷施耐雨水冲刷的银法利（拜耳制药）能够保护叶片。

7. 8月中、下旬

这一时期最主要的是防治病害。8月中旬套袋后预防黑痘病、霜霉病、褐斑病、炭疽病、灰霉病、白粉病（图6-39）、锈病依然以波尔多液为主，混配醚菌酯防治，8月下旬喷施咪唑富马酸盐（オーシャインフロアブル2 000倍）。

注意　没有套袋的果实必须严格按照药剂说明书使用，以免破坏果粉。发现茶黄蓟马、叶蝉危害时喷施噻虫胺水溶剂2 000倍液，有叶螨危害时施用唑螨酯杀灭。使用的药剂要注意安全间隔期，距离采收安全间隔期以上的时间是可以使用的。同时也要注意使用药剂的剂型（选择水分散颗粒剂、水剂），以免对果面产生污染。发现有烂果和裂果要及时地清除出园。

图6-39 白粉病症状

8. 采收后

防治褐斑病、炭疽病、蔓割细菌病，喷施无机杀菌剂波尔多液进行防治；喷施杀螟松乳油（スミチオン水和剂）灭杀金龟子类成虫、葡萄虎天牛、葡萄透翅蛾、叶蝉、粉虱等害虫。

注意 副梢上二次果穗及时摘除，喷施波尔多液保护叶片，同时防治葡萄虎天牛等蛀干害虫，发现树体上有蛀干虫孔可以使用菊酯类杀虫剂注入来杀灭。

六、生理障害防治

日本在葡萄栽培历史过程中发生过很多生理障害问题，为此进行大量研究与试验，总结出对应防治方法，并将生理障害的发生分为缺素障害、生育障害及果实障害。

1. 缺素障害

（1）镁元素缺乏

症状与原因：花后（6月上旬），新梢基部的叶片叶脉间失绿黄化，盛夏以后叶脉间或叶边缘有时会枯萎成褐色，对树的生长影响不明显，对果实的着色影响较大，同时果实的口感下降、硬度下降。缺镁症状轻重，因品种而异，甲州＞玫瑰蓓蕾-A＞巨峰＞甲斐路＞地拉洼（国内也有称为金红娃）症状依次降低。缺镁原因是土壤酸性大及降水量大引起交换性镁流失；也有钾肥过量施用引起拮抗作用，以及火山灰土壤、强修剪、氮肥施用过量引起树势过旺造成镁缺乏，见图6-40。

图6-40　缺镁症状（左：早期；右：中后期）

防治方法：土壤施入氧化镁或硫酸镁（硫酸镁溶解性高，更有效）提高其含量，使用时可以和基肥一起，一般每公顷施用10 ～ 20kg，保持土壤交换性镁含量在每100g±30 ～ 60mg（沙质土为20 ～ 40mg）。控制钾的施用，保持其在土壤中交换性钾含量与交换性镁含量比为（1 ～ 2）：1。在缺镁症状发生前和发生早期，每隔7 ～ 10d叶面喷施2％ ～ 3％硫酸镁2 ～ 4次。

（2）钾元素缺乏

症状与原因：5月中旬开始新梢基部叶片全体黄白化，逐渐在叶脉间产生褐色斑。盛夏以后重症叶片呈现叶烧状。另外，叶片凹凸不平，叶内侧卷起。症状因品种有一定差异，巨峰、地拉洼、玫瑰蓓蕾-A容易发生。缺钾原因是镁元素、氮元素过剩引起其拮抗作用；结果量过大、地下水位高根腐烂或土壤不良根系活力下降引起的根系不良等。见图6-41。

图6-41　缺钾叶片症状

防治方法：施用硫酸钾或氯化钾（易产生盐害）补充土壤钾，黏质土每1 000m² 施用80 ～ 100kg（沙质土40 ～ 50kg）。

（3）**锰元素障害**

症状与原因：缺锰时，叶片上的早期症状与缺镁十分相近。5月下旬开花期开始出现症状，新梢基部叶片叶脉间产生黄白色失绿斑。缺锰会引起果实着色障害，表现为果穗内部分果粒着色不良、果穗前端果粒着色不良、果穗整体果粒着色不良。发生的原因是由于土壤碱化引起锰的有效性降低，果实膨大处理后果粒迅速生长造成供应不足等。见图6-42。

图6-42　缺锰（左：叶片；右：果实）

锰元素过量时也会引起障害称为锰中毒，新梢畸形，叶片叶脉变为褐色，见图6-43。

图6-43　锰过剩（左：叶片；右：新梢）

防治方法：缺锰土壤使用硫酸锰进行补锰；通过石灰施用量的增减调整土壤酸碱度即pH值，欧亚种葡萄维持在6.5～7.5，美洲种和欧美杂交种维持在6.5～7.0；叶面、果穗喷施0.5%硫酸锰溶液进行补锰。

（4）硼元素缺乏

症状与原因：硼元素缺乏会抑制树体生长、坐果率下降、大小粒发生，对产量和质量影响很大，是葡萄需要注意的缺乏症之一。硼元素容易发生缺乏症和过剩症，维持在适当的含量范围比其他元素更困难。硼缺乏的症状根据发生时期不同特征也不同。开花之前症状轻的叶片透过太阳可以观察到叶脉间发生油浸状的斑点；症状重的叶脉间斑点变褐色，后期褐色斑点脱落类似虫食状态，如图6-44。坐果率下降，果粒内部坏死，果粒干燥、硬化，见图6-45。

发生原因：土壤中水溶性硼含量低于0.2～0.3mg/kg时引发。土壤酸化，pH小于5.5引起硼元素溶解性流失，土壤碱化，pH

图6-44　缺硼叶片

图6-45　缺硼果穗及果实

大于7.5以上硼元素被固定不能被吸收。土壤过于干旱，硼的溶解率降低，以及开花期或幼果期深耕伤根影响根系吸收，易引发缺硼。

　　防治方法：缺硼土壤施入硼砂，每1 000m²施用1～5kg。如果根系受损，吸收能力差时可叶面喷施2～3次0.3%～0.5%硼酸，喷施时避开中午高温，以免产生药害。

　　2. 生育障害

（1）**寒害**　寒害多发生在日本东部，虽然程度有差异但是每年都会发生，特别是在长野县等海拔较高的火山灰土壤地带，部分地区有时冬季遭受毁灭性的灾害。个别年份，在早春也受到晚霜的危害。

症状与发生原因：树和枝枯死，不发芽，发芽延迟以及发芽后生长不良。原因主要是结果过多、采收过晚、叶片病害严重、过于密闭、贪青徒长等栽培措施，进而引起树体营养积累不充分，从而降低抗寒性。

预防措施：选用抗寒砧木预防根系冻害，如选择101-14砧木提高抗寒性。保持果园通风透光，减少病虫害；保持叶片完整健康，及时排水，合理施肥避免贪青徒长；及时科学采收等一系列措施，确保枝条充实从而提高抗寒性。人工采用稻草等覆盖物对树体主干部位进行防寒，见图6-46、图6-47。

图6-46 绑缚塑料泡沫防寒

图6-47 绑缚稻草防寒

　　幼树采用装有稻壳、锯末的编织袋防寒（图6-48）。有晚霜危害的情况下，采取人工燃烧麦草或燃烧块等放热、放烟措施，避免晚霜对树体的危害。有的果园还增设防霜的风扇，促进空气热交换，见图6-49。

图6-48 幼树防寒

图6-49 预防晚霜危害

（2）**缩果症** 缩果症在日本时有发生，多发生在树势强旺的幼树及大树的第一亚主枝上。

症状与发生原因：在果实硬核期前的第1次生长高峰末期果实出现黑色小斑点，随着斑点的扩大果面开始凹陷，果实内部的果肉同时出现坏死（图6-50）。部分学者认为发生的原因是由于此时枝叶旺长，水分散失加快，同时根系吸收能力没有增强从而导致果实内水分缺失引起的生理障碍；也有部分学者认为是由于果实快速生长，同时此时环境高温高湿，影响果实对钙、镁、硼等元素的吸收进而引发代谢异常的生理障碍。在国内，笔者注意到北方温室栽培在果实快速膨大后期，存在结果量过多、根系质量欠佳、高温高湿、氮肥量过大等问题的果园，也出现这样的现象。

图6-50 缩果症（左：前期表现；右：后期表现）

防治方法：保持土壤通透疏松，及时排水，增强根系的吸收能力；保持园内通风，便于降低果园内温度和湿度；避免果实受到强光直射；减少氮肥施用；果实补充钙、镁、硼元素肥料；采用耐湿砧木；选择抗缩果病品种。

（3）**日烧病**

发生症状与原因：果实萎蔫干缩，严重时整个果粒全部萎缩。由于果面温度过高导致果实呼吸作用受到抑制，进而引起果实内细胞坏死褐变、凝集，见图6-51。

图6-51　日烧病症状

防治方法：通过套袋和预留副梢减少光线对果实的直接照射；增强通风；保持土壤通透疏松、及时排水，增强根系的吸收能力；选择抗日烧病品种。

3. 果实障害

（1）**裂果**　葡萄裂果多发生在成熟期，导致商品性大大降低，在日本因为裂果很多口感优良的葡萄品种都被淘汰，裂果成为品种选择上的重要参考因素，见图6-52。

图6-52　裂　果

症状与发生原因：果顶、果蒂、果实中部发生环状、纵状开裂，开裂后流出果汁并引发其他果实开裂。裂果发生原因地拉洼和巨峰是不一样的，土壤板结、排水不良、干湿变化剧烈、根系不好、结果量过多、果粒膨大期生长不平衡的果园裂果比较重。

防治方法：巨峰系预防裂果可以通过避雨栽培或果实打伞阻断雨水，做好土壤水分调节，避免土壤水分剧烈变化，保持土壤pF在2以下；梅雨期到干燥期及时排灌水是非常重要的，出梅以后灌水量每次大约为30mm，间隔时间1周左右，梅雨过后的高温时期要及时灌水。

（2）**着色障害**　症状与发生原因：果实不能上色到本品种的固有颜色，日本称为赤熟（图6-53）。发生的原因一般为结果过多、早期落叶、贪青徒长等栽培管理因素，导致光合功能下降而发生。日照不足、高温引起色素不足，以及设施内土壤pH值上升碱化引起锰的交换性下降，进而影响着色。

图6-53　正常上色果实（左）与赤熟果实（右）

防治方法：改良土壤达到适合葡萄生长的酸碱度；控制产量，合理使用激素，预防病虫害确保叶片完好，达到合理的叶果比。

（3）**葡萄病毒病**　近年来病毒病害在日本也时有发生，据2003年报道，日本使用RT-PCR检测方法，先后在葡萄上发现10种病毒病，有些不明的病毒还在检测中。发生病毒病的植株表现为卷叶、植株树势衰弱、上色困难、果实质量降低等，见图6-54、图6-55。带有病毒的植株终身感染不能通过药剂去除，

图6-54　病毒病（新梢）

图6-55　病毒病（左：果实症状；右：病果内部症状）

（注：上图为Colomerus病毒引起的病毒病，这种病毒主要在巨峰、藤稔等巨峰群葡萄上有明显症状，在欧亚种葡萄上没有明显症状）

唯一的办法就是将植株整株挖除。随着病毒病的加重，日本对脱毒苗木越来越重视。

七、其他灾害

1. 冰雹危害

日本每年冰雹危害时有发生，有时冰雹如核桃大小，给葡萄生产带来很严重的影响，见图6-56。为此果农采用设置避雨棚或防雹网的方法来进行预防，见图6-57。雹害后需要及时喷施杀菌剂和促进生长的叶面肥来减少病害发生及恢复树势。

图6-56　冰雹危害

图6-57　防雹网

2. 风害

日本的气候受季风和台风影响很大，台风给基础设施及葡萄树体带来很大的危害，严重时毁坏设施、农膜，折断枝梢，吹落叶片、花序等，为此果园采取设置防风网的方法来减轻风害，见图6-58、图6-59。

图6-58　强风危害　　　　　　　　　　　图6-59　防风网

3. 雪害

日本冬季经常有强降雪发生，过大的降雪量对葡萄生产设施是严峻的考验，为应对雪灾，设施在设计建造过程中，必须保证其坚固（如减少单片铁架间距、增加横拉筋、添加承重梁），从而规避雪灾危害（图6-60、图6-61）。面对雪灾威胁时，还可以通过

图6-60　大雪导致设施损坏　　　　　　　图6-61　坚固的设施结构

划破塑料薄膜来确保设施不受损坏。近些年雪害对国内的设施生产带来的损失越来越大，需要引起注意。

4.鸟兽害

日本野生动物较多，葡萄园常受到多种鸟兽的危害（图6-62），而猎杀鸟兽又属于违法行为，为此不得不采用设置防鸟网、电气栅栏等防鸟兽设施规避其危害（图6-63）。

图6-62　野鹿危害葡萄（夜间拍摄）

图6-63　电气栅栏防野兽（蓝色为防鸟网）

第七章

采收、包装与销售

　　日本葡萄采收同样是精细化管理，果农只有在葡萄完全成熟、品质上乘时才进行采收销售。葡萄批发销售大部分是通过农协统一完成，农协在销售过程中发挥着关键的作用，农协统一分发包装箱，在分拣车间流水线进行分级，采用密封式冷链运输到批发市场进行销售。

　　农协在包装时采取可追溯制度记录葡萄来源，按照分级标准标注葡萄等级，避免了鱼龙混杂情况发生，采取全程冷链运输，机械化装运，整个流程保证葡萄商品质量，使得消费者对其品质非常认可，面对进口葡萄的冲击时仍然保持高价格。

一、采收

　　日本葡萄采收需要充分成熟，甚至延迟一段时间才进行，要求达到各品种固有色泽、香气，风味纯正，果粉完整，外观亮丽，如巨峰等品种可溶性固形物含量需达到18%以上，见图7-1。

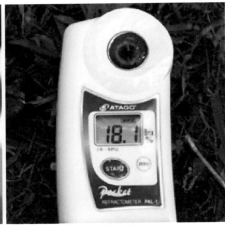

图7-1　巨峰采收前颜色与糖度

阳光玫瑰采收时要求可溶性固形物含量达到19%以上，要求比对各地编制的阳光玫瑰葡萄比色卡，以确保达到固有色泽。通常需要达到比色卡的4～5时进行采收（图7-2）。

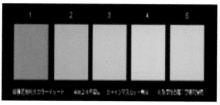

图7-2　阳光玫瑰比色卡及果实色泽

日本农户经营的葡萄园面积较小，多为人工采收。采收时间选择无露水的晴天清晨进行，这时温度低，湿度低，能够保证果品的新鲜程度并便于储藏运输。见图7-3。

图7-3　精心采收与运输

不同的品种由于成熟期不同其采收期差异也较大，图7-4为山梨县胜沼地区各个品种不同栽培模式的主要采收期，颜色越深代表上市量越大。

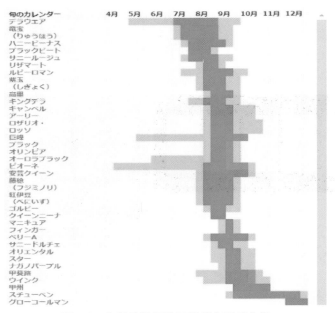

图7-4　山梨县胜沼地区葡萄主要采收期
（各品种中文名称详见第二章附录）

　　果农采收时间的选定，还会参考农协近期葡萄收购指导价格（图7-5），笔者在农协翻阅材料看到8月份无核巨峰价格的浮动变化基本在10%以内，价格相对稳定。通过材料还可以看出早采收、

图7-5　农协提供的葡萄价格信息（左：农户查看价格表；右：阳光玫瑰价格表）

质量偏低其价格通常比晚采收、质量好的低一些，这就避免了盲目早采收而引起的果品质量下降问题。

二、分级

葡萄采摘后如果通过批发销售，则运送到农协的分拣车间，农户首先按包装大小和果穗大小在农协的分拣车间分类摆放，以便于分级，农户自行包装只能包装到优级，见图7-6。

农协根据果农送来的葡萄再进一步分级。农协有专门的分级车间进行流水线作业，在流水线上对不同等级的葡萄进行标记，见图7-7。

图7-6 农协收购葡萄的分类牌

图7-7 分级流水线

对于大粒型品种如巨峰葡萄的分级主要参照如下指标：果穗重量、果粒大小、着色程度及整齐度、果粉厚度等，满足下述条件，果穗重量、果粒大小在标准之内越大越好。

葡萄的等级分为秀、优、良、A，依次降低，其中秀等级还分为特秀、赤秀、青秀（等级依次降低）。按照果穗的大小分为3L、2L、L。有核巨峰葡萄的分级指标见表7-1。

表7-1 有核巨峰葡萄等级（品质）区分

项目	等级		
	秀	优	良
口感及成熟度	最优秀的，糖度计显示17%以上，pH3.2以上	优异的，糖度计显示17%以上，pH3.2以上	良好的，糖度计显示16%以上，pH3.0以上
着色	有品种固有的色泽，果梗周边完全着色为紫色	有品种固有的色泽，各果粒的2/3以上着色为紫色	不如秀，商品性优
穗形	有很好的形状（即使横放也很少有果串形状塌陷）	有较好的形状（横放不会有大量果串塌陷）	不如秀，商品性优
果粒形状及大小	有固有品种形状，果粒均匀最优秀，单粒重在12g以上	有固有品种形状，果粒均匀优异，单粒重在10g以上	不如秀，商品性优
裂果	无	无	无
果斑	无	单个果粒上直径不得大于5mm，一穗中不得超过20%	单个果粒上直径不得大于10mm，一穗中不得超过30%
果粉	无损伤，均匀、完全	略差	较差
果面污染	无	无	无
腐败性病害	无	无	无

（续）

项目	等级		
	秀	优	良
其他病虫害	无	无	轻微，不影响商品性
按分数计算	100～110	90～100	80～90

有核巨峰葡萄按照果穗的大小分为3L、2L、L等级，分级见表7-2。

表7-2　有核巨峰等级（大小）区分

等级	3L	2L	L
穗重（g）	550～650	450～550	350～450

注：M等级穗重为250～350g；S等级为小于250g。

近年来阳光玫瑰在日本葡萄市场广受欢迎，各个种植地区针对阳光玫瑰也制定了相应的等级标准，其中长野县农协制定的等级标准见表7-3。

表7-3　阳光玫瑰等级区分（长野农协）

项目	秀
果穗	果穗重量达到目标（果穗肩部掉粒2个以内，穗体掉粒1个以内）
果粒重	12～14g
着色	淡黄色至淡绿色（比色卡指数，露地栽培为5以上，加温栽培为4以上）
口感	糖度19° Brix以上（果穗下部糖度达到18° Brix以上）

（续）

项目	秀
严重缺陷果	不得混入
轻度缺陷果	不得混入

注："秀"以下等级规格按照"秀"的基准顺次排序。

①这个分级标准中的严重缺陷果，是指下面列出的情况：

异品种果：阳光玫瑰以外品种的果实；

腐烂变质果：腐烂变质及硬化、萎缩等变质（包含过熟引起的果肉变质）；

未熟果：糖度、色泽等没有达到成熟标准；

病虫果：被病虫害危害的果实；

伤害果：裂果、切伤、压伤等；

其他：果面附着异物。

②这个分级标准中的轻度缺陷果，是指下面列出的情况：

外观不良果：由病虫害等引起的外观不良果。

以5kg包装规格计，阳光玫瑰按照果穗的大小分为4L、3L、2L、L，分级见图7-8、表7-4。

图7-8　阳光玫瑰按等级分级外观

表7-4 阳光玫瑰等级（大小）区分

果穗数量	果穗重量（果粒重12g以上）	等级
7~8穗	600g以上	4L
9~10穗	500~600g	3L
11~12穗	400~500g	2L
13穗	380~400g	L

按照等级标准进行分级后的葡萄装入包装箱，在包装箱上加盖等级、品种、检验员的印章，见图7-9、图7-10。

图7-9 分级时加盖的印章

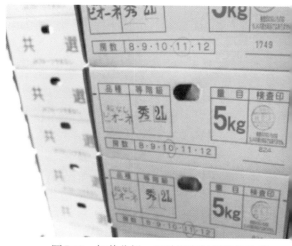

图7-10 加盖分级、品种印章以后的包装箱

在分拣车间流水线进行分级的同时将产品生产者、产品数量及质量录入农协数据库（图7-11），然后入库或直接运到批发市场销售。对于分拣出的质量不合格的果品，放置在分拣库门外由生产者自行领回，图7-12。

图7-11　农协数据库系统

图7-12　分拣的不合格果品

三、包装

采收后一部分果品由果农在家庭内完成包装；一部分在农协现代化的包装车间，采用流水线作业包装。包装分为内包装与外包装，其包装材料多以可再次利用的纸包装为主，也有采用可视性更好的塑料包装。

1. 内包装

内包装的主要作用是防止果穗间相互摩擦，保持果粉完整，减少脱粒，减少运输储藏中损耗，同时也便于零售。在零售时内包装上会贴有标签体现出品种名称、产地、价格等。

（1）**单穗纸包装**　最简单的小包装是用白纸将单穗包裹起来，然后装入包装箱，见图7-13。

近年来，名优品种或品质优良的精品果采用带有标识的彩色舟形纸包装（图7-14）。

（2）**单穗塑料膜包装**　单穗塑料膜袋形状上有长方形，也有梯形，因品种不同规格有异。有的全部为塑料制成，有的一面纸

图7-13 白纸包裹单穗隔离包装

图7-14 舟形包装纸包装（阳光玫瑰）

一面塑料，有的一面塑料一面无纺布。为了增加塑料袋透气性，往往上面均匀地分布有孔洞，一面纸的塑料袋由于纸和无纺布具有透气性，往往没有孔洞。塑料袋小包装除了具有防止果穗间相互摩擦、保持果粉完整与卫生、减少脱粒的作用外，保鲜期也较长，见图7-15。

图7-15　塑料袋包装（左：塑料袋；中：纸塑袋；右：无纺布塑袋）

（3）塑料盒或托盘单穗包装　具有塑料袋包装的作用，但塑料盒、托盘整齐度高，便于进一步装箱与零售，如图7-16。

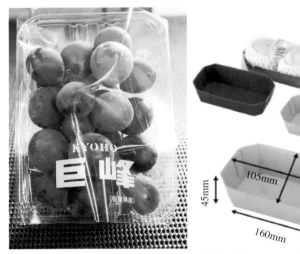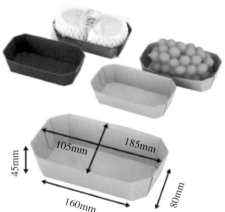

图7-16　单穗托盘包装（左：巨峰塑料托盘包装；右：纸制托盘包装）

2. 外包装

在日本，各种批发外包装材料都是由农协提供的。农户零售的包装少部分自己印刷或者在农资商店购买。外包装主要使用纸板箱，造价低，又可印刷上美丽的图案、说明等。

　　纸板箱耐潮湿性差，抗压力也较差。在批发销售中，采用纸板箱包装，可装 4～5kg，纸箱顶部开口或覆盖透明薄膜，增加果品直观性。在网络直销中，采用全封闭式精品纸板箱小包装，可装 2～2.5kg。为了提高耐运输能力，使用塑编带绑扎。见图 7-17。

图7-17　纸板箱（上：批发用纸板箱；下：邮寄及采摘用纸板箱）

日本朋友相互走访时经常会送一些水果作为礼物，为此还有专门针对小型礼品包装箱，一般放置1～2穗葡萄，重0.5～1kg，如图7-18。

在采摘园中，为便于游客采摘还使用提篮式小包装。

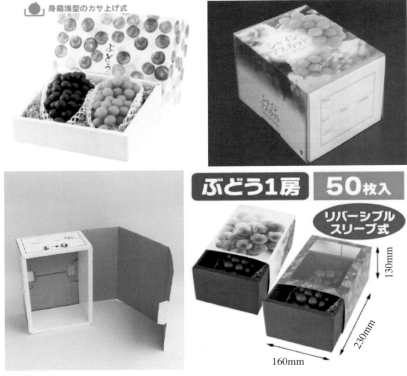

图7-18　纸板小包装

3. 包装用辅助材料

为了减少运输中葡萄穗掉粒、挤压，在包装箱底部放置缓振垫，缓振垫主要为泡沫垫和发泡垫，见图7-19。

采用碎纸条和泡沫网袋填充包装箱内葡萄果穗间空隙和紧固果穗，见图7-20。

图7-19　包装箱底衬缓振垫（左：薄膜缓冲底垫；右：发泡缓冲底垫）

图7-20　包装材料（左：泡沫网袋+碎纸条；右：泡沫网袋）

四、销售

日本葡萄产业在1975年前后已经步入稳定发展阶段，栽植面积稳定，市场价格稳定。长期以来，日本葡萄价格高于其他水果，也远远高于进口葡萄的价格，这是一大特点。

1. 观光采摘

在日本，观光采摘葡萄具有悠久的历史，葡萄通过采摘方式可销售30%左右。采摘同时带动了乡村旅游产业的发展，见图7-21。

图7-21　葡萄采摘园

在葡萄采摘园中，还经营各种以葡萄为原材料的加工产品如葡萄酒、葡萄干、葡萄果酱、葡萄糕点等，见图7-22。

图7-22　葡萄加工产品（左：葡萄酒；右：葡萄干、葡萄果酱等）

2. 电子商务

近年来，日本葡萄通过电子商务销售比例不断增加，有些葡萄园已经达30%。通过网络下单，利用快递运送，葡萄销售日趋便捷。

在葡萄产区，葡萄销售季，每天从早到晚有众多快递车辆往返。葡萄装卸都是在细心规范的条件下进行的，避免了葡萄损耗，如图7-23。

图7-23　葡萄电子商务销售（左：包装；右：宅急送运输）

3. 批发

葡萄批发是由农协组织完成的。早上，农户按照农协要求将葡萄分级包装好后送到农协包装分拣车间，经农协组织检查并对达到质量标准的果品盖章登记，才允许进入批发市场销售。一部分果品在市场直接销售，一部分果品由订购的专业公司（果品株式会社）销售。日本全国各地有专门的果品批发市场，其中大田市场是东京规模最大的果菜、水产批发市场，大田市场设有专门的葡萄批发场地。

批发市场中各个农协有专门的产品摆放位置，还有专门进行拍卖的场所，图7-24。

图7-24　批发市场（左：大田市场葡萄销售区域；右：葡萄拍卖现场）

　　批发市场中还有专门进行销售果品的公司即会社（图7-25），这些会社在批发市场购买农协果品，有时也到产地向农协直接采购果品。会社一般只专营几项果菜，为了互通有无，互惠互利，共同发展，若干个会社成立合作商会组织，会员每年缴纳会费，会员间产品串货可以享受优惠价格，会社在批发市场租用专门的冷库以便保存果品（图7-26）。

图7-25　大田市场内果品公司

图7-26　果品公司租用的冷库

　　在销售过程中，买家选定好产品、商议好价格后在市场管理部门进行交易，产品由市场管理部门统一运输到批发市场的外运区域送上货车（图7-27），市场内运输车辆由市场管理部门统一管理，见图7-28。

图7-27　市场外采购商货车

图7-28　市场内统一的运输车辆

　　综合超市和果菜超市在批发市场采购葡萄以后运到门店进行零售，见图7-29。

　　批发市场销售的葡萄如遇品质不达标的情况，购买者会把其退回，放置在市场的专门区域再由销售者取走，同时给予退款。由于采取可追溯制度使得消费端对生产端、销售端有了可追责的依据。

　　日本葡萄出口量小，仅仅出口至中国香港、台湾以及新加坡等地。每年进口量较大，主要产自美国、澳大利亚、智利、阿根廷等国家。

图7-29　果菜店销售葡萄

第八章

葡萄生产与管理机械设备

日本农业机械化发展始于1947年，经历了70余年的探索与进步，目前农业生产机械化水平位于世界领先地位。

其发展大体经历如下3个阶段：

第1阶段是从第二次世界大战结束到20世纪60年代初，经济处于恢复和打基础的时期。这个时期日本的农业人口比例较大，农民收入不高，为此主要发展价格较低的小型机械来代替大部分手工劳动。

第2阶段是20世纪60年代初到80年代末，也是日本经济飞速发展时期。农村劳动力大量涌向城市，农业劳动力不足的矛盾日渐突出，迫切需要更好的农业机械以适应新形势的需要，这个时期农业基本实现了机械化。

第3阶段是20世纪80年代末到现在。这一时期的特点是农业劳动力老龄化和女性化，于是小型、轻便、容易操作、舒适性好、自动化程度高的农业机械成为这个阶段的主要特征，推动日本的农业机械向自动化、智能化的方向发展。

葡萄生产管理机械也经过了上述3个阶段。为了简化劳动，提高功效，研制出一系列小型农机设备，机械化程度得到大幅提高，形成了与欧美大农机相对应的小农机类型。在葡萄产区，户户都有微型农机设备，见图8-1。除草、施肥及打药等很多作业已实现了机械化。

图8-1　葡萄园农机具（日本家庭农场）

一、土壤管理与土方施工机械

1. 土壤微耕机

（1）**四轮微耕机**　通常以柴油机为动力源，四轮驱动，带动旋耕机械发挥作用。主要用于葡萄架下或行间土壤微耕松土、施肥、整地和除草等，机手坐着操作，劳动强度低，见图8-2。作业速度快，效率高。适宜面积大、地势平坦的葡萄园使用。

图8-2　四轮微耕机作业

（2）**手扶微耕机**　一般以汽油机为动力源，直接带动旋耕设备发挥作用，用途及特点同四轮微耕机。见图8-3。

图8-3　手扶微耕机

2.微型挖掘机

通常以柴油机为动力源，履带式。主要用于土地平整、挖掘（回填）栽植沟（坑）、挖掘淘汰葡萄植株，或挖坑施肥等。机手坐着操作，劳动强度低，见图8-4。作业速度快，效率高。适宜空间狭小的设施内或葡萄架下作业。

图8-4　微型挖掘机

3.微型挖沟机

通常以手扶式拖拉机驱动挖沟机。主要用于露地或设施内专业挖沟，深度可调节。机手行走操作，劳动强度较高，见图8-5。作业速度快，效率高。

图8-5　微型挖沟机

4.施肥机械

施肥时将肥料均匀抛撒在葡萄架下，然后通过微耕机深翻，完成施肥作业，见图8-6。机械型号较多。机手劳动强度低，速度快，效率高。

图8-6　微耕机施肥作业

5.微型装载车

一般是以柴油机为动力源的微型专业装载车，分为履带式与胶轮式两种，见图8-7。

图8-7　微型铲车（左：履带式；右：胶轮式）

　　微型装载车主要用于翻倒有机肥，促其发酵，也可以装载有机肥等重物，见图8-8。操作灵活，效率高。

图8-8　微型铲车（有机肥翻堆作业）

二、植保机械

1. 高压弥雾机

　　通常以柴油机为动力源胶轮四轮驱动式为主，根据需要可在葡萄架下及行间行走作业，当设施空间狭小机器进出不便时，设备可停放在设施外，人力牵管打药。见图8-9。机器设备动力大，雾化效果好。使用者劳动强度低，工作效率高，适宜大面积作业。

图8-9　高压弥雾机

2. 喷药泵

通常以汽油机、柴油机或电机为动力源，根据需要停放在葡萄园内外，或依附其他车辆行走完成作业。见图8-10。

图8-10 喷药泵

当葡萄园内空间狭窄机动车进出不便时，喷药泵可停放在外，通过管道输送打药，管道的长度依距离而定，最长距离可达300m。当葡萄园内空间大时，喷药泵可安装在具有动力输出的小型机动车上，同时利用机动车动力行走及作业。

喷药泵动力较大，雾化效果较好，劳动强度较低，工作效率较高，速度快，适宜较大面积作业；设备投资少，操作简单灵活。

3. 普通电动喷雾器

是在传统背负式手动喷雾器基础上的改进类型，主要是动力源变成了可充式电源，还以背负式为主，也出现了人力牵引式类型。器械体积小，重量轻，操作简单灵活；动力较小，雾化效果较好；投资少，劳动强度较低，但不适宜较大面积作业。见图8-11。

目前主要在喷布石硫合剂、破眠剂、除草剂等需药量少时选择使用。新栽植的幼树，前期叶片少，也可使用普通电动喷雾器作业。

图8-11　普通电动喷雾器（左：牵引式；右：背负式）

三、除草机械

1. 四轮割草机器

通常以柴油机为动力源，四轮驱动，带动旋转刀具发挥割草作用。主要用于葡萄架下或行间割草，要求作业空间较大。工人坐着操作，劳动强度低。见图8-12。

图8-12　四轮割草机作业

　　该设备投资较大，但作业方便舒适，效率高，已经得到广泛应用。适宜面积大、地势平坦的葡萄园使用。见图8-13。

图8-13　四轮割草机作业效果（左：除草前；右：除草后）

2. 手扶式割草机

　　一般以汽油机为动力源，机器在行走过程中，直接带动刀具旋转发挥割草作用。主要用于葡萄架下或行间割草，作业空间可略小，工人行走操作，劳动强度较高。见图8-14。适宜面积小、地势平坦或倾斜地块使用。

图8-14　手扶式割草机

3.背负式割草机

一般以汽油机为动力源，体积小，重量轻，需要人工背负行走作业。见图8-15。主要用于葡萄架下小空间的局部作业，是大型割草设备作业的有效补充。

图8-15　背负式割草机

四、运输车辆

1.轻型运输车

一般是以汽、柴油机为动力源的小型四轮轻型中短途运输车辆，是葡萄园购买生产资料如农膜、肥料等，或将采摘下的葡萄运往包装车间的运输设备。见图8-16。

图8-16　轻型运输车

2.田间小型重载运输车

一般是以柴油机为动力源的小型履带式载重短途运输车辆，是葡萄园田间运输有机肥或其他杂物的专业性工具。由于该车型体积小，适合葡萄架下或行间运输作业。见图8-17。

图8-17 田间小型重载运输车

3. 小型电动运输车

一般是以电池为动力源的小型三轮或四轮短途运输车辆，是在葡萄园内行驶运输轻质材料的专业性车辆。体积非常小，重量轻，动力小，行驶速度较快，驾驶灵活、简便，很受欢迎。见图8-18。

图8-18 小型电动运输车

4. 葡萄批发市场小型电动运输车

是以电池为动力源的小型三轮运输车辆，是批发市场作为短途运输的专业性工具，体积非常小，重量轻，动力小，行驶速度较缓慢，操作灵活方便。见图8-19。

图8-19　批发市场电动运输车

在日本东京大田农产品批发市场，笔者看到随处都是该车辆，大型车辆禁止进入市场，所批发的农产品都是通过该车运输到停放在市场外的大型车上，井然有序。

五、其他机械

1. 枝蔓粉碎机械

通常以柴油机为动力源，履带式，设备体积小，但较重。可于田间自动行走，随时粉碎葡萄枝蔓。见图8-20。

图8-20　枝蔓粉碎机

　　日本葡萄枝蔓粉碎还田已经推广多年，每个家庭农场都备有枝蔓粉碎设备。枝蔓经过粉碎后，通常掺杂在有机肥内或直接铺设到植株根茎周边（树盘）。

　　2. 小型升降作业平台

　　小型升降作业平台一般是以柴油机为动力源的履带式专业性车辆，既可升降又可行走，操作者需站在平台上控制，灵活方便。

　　采摘观光葡萄园，往往为了游人停车及观光方便，需要设计较高的葡萄架面，因此，为了便于日常管理，需要小型升降作业平台。大棚等设施，在设施建造安装、日常维护及常规塑料薄膜轮换等高处作业中，也需要小型升降作业平台。见图8-21。

图8-21　小型升降作业平台

第九章

葡萄文化

　　日本重视葡萄文化的传承，有百年企业，有百年生的大树，展现着葡萄的发展历史与文化。

　　山梨县胜沼葡萄之乡，有绵延的葡萄园、林立的葡萄酒庄、葡萄博物馆、葡萄书店、葡萄桥等建筑融入其中，街道两侧分布着已经运营了几十年的葡萄采摘园及民宿，每到葡萄成熟的时节，游人漫步街头，品尝葡萄与葡萄酒，欣赏美景，感受葡萄文化带来的魅力。

一、企业传承

　　日本50年以上的葡萄园很多，产业以家族方式传承。

1. 葡萄育种企业——植原葡萄研究所

　　日本最著名的民间葡萄研究机构——植原葡萄研究所，位于山梨县甲府市，已经有前后三代人从事葡萄研究，时间延续长达100余年，曾经培育出甲斐路等系列品种，在日本葡萄行业久负盛名。现在的掌门人是年近八旬的植原宣宏，他多次来我国讲学或考察，是中国人民的朋友。见图9-1。

图9-1　植原葡萄研究所［左：外景；右：作者与植原宣宏（右）］

近年来，我国葡萄专家到日本考察，大都拜访过植原葡萄研究所，其园内70余年的大树，至今还硕果累累，别具风情。见图9-2。

图9-2　植原葡萄研究所70年生大树
（左：葡萄品种甲斐路；右：葡萄品种亚历山大）

植原葡萄研究所是日本第一大葡萄育苗企业，为日本葡萄产业发展作出了杰出贡献，为此2014年获政府嘉奖（图9-3）。

图9-3　安倍晋三签发的嘉奖奖状

2. 采摘园——漆山果树园

日本山形县漆山葡萄采摘园，是现在的女主人从母亲手里传承的采摘园，她自己经营30年，在日本国内颇有名气，曾受到时任总理大臣安倍晋三的接见。见图9-4。

图9-4　漆山果树园（左：门牌；右：园主与安倍晋三合影）

漆山果树园占地面积1hm^2，由8块地构成，采用设施生产，既有促早栽培，也有普通避雨栽培。见图9-5。

图9-5　漆山果树园（左：远景；右：园主与作者合影）

作为采摘园，除了现场销售葡萄外，还通过网络销往全国各地。见图9-6。日本其他采摘园也通过网络销售葡萄，有的销售量占总产量的70%。

图9-6　漆山果树园葡萄销售

　　每个采摘园都有品尝葡萄的休闲场所，在品尝葡萄之余，还可欣赏葡萄管理过程的宣传片，阅读采摘园的宣传资料。

3. 葡萄酒庄

　　日本葡萄主要用于鲜食，只少部分用于酿酒，但重视葡萄酒文化。从明治维新时期开始向西方学习科学技术与进步思想，看到西方人很喜欢喝葡萄酒，便觉得这是文明的表现。因此，素有葡萄王国之称的山梨县当时的县令藤村紫朗（图9-7），谋划利用该县最好的资源建立酒厂。于是，派高野正诚（图9-8）和土屋龙宪前往法国学习酿酒技术。

图9-7　与葡萄酒发展相关的历史人物
　　　　藤村紫朗（左）

图9-8　与葡萄酒发展相关的历史
　　　　人物高野正诚（左）

　　两人在法国，不但学会了酿造葡萄酒，还学会了酿造啤酒。回国后，推动了山梨县的葡萄酒产业发展。与此同时，山梨县建起了首批葡萄酒庄（图9-9）。

图9-9　葡萄酒庄历史照片（1877年山梨县劝业试验场附属的葡萄酒制造所）

　　现在日本山梨县的葡萄酒庄大都有百余年的历史（图9-10），其保存和发展得益于百余年前派往法国学习的两位技术人员，于是为了纪念这两位学者，如今把他们的蜡像放到葡萄博物馆展出供后人敬仰，同时在很多宣传栏也刊登他们的大幅照片，甚至在当地葡萄酒庄消火栓盖上也看到他们与葡萄的图片，葡萄文化无处不在。见图9-11。

图9-10　葡萄酒厂历史变迁（老照片）　　　图9-11　葡萄酒厂消火栓图画

　　也是在明治维新时期（明治23年，1890年），早期葡萄育种家川上善兵卫，通过杂交培育出玫瑰蓓蕾-A等22个品种，见图9-12。从此，日本以当地生产的葡萄甲州、玫瑰蓓蕾-A等品种为原料，酿造出适合当地民众口味的葡萄酒，走出了适合日本民情的葡萄酒发展之路，这方面值得我国参考借鉴。

图9-12　与葡萄酒发展相关的历史人物
（左：介绍玫瑰蓓蕾-A的培育；右：葡萄育种家川上善兵卫）

　　如今在日本山梨县，百余年的葡萄酒庄很多，其建筑风格在一定程度上受到欧洲酒堡的影响。见图9-13。这些葡萄酒庄虽然发展较早，但至今仍生机勃勃，每年都有很大的生产量，在日本有很高的声誉。

图9-13　葡萄酒庄

4. 葡萄历史博物馆

在日本山梨县胜沼葡萄之乡，有一座现代化的葡萄历史博物馆。系统介绍了葡萄在中亚起源及通过丝绸之路传到中国，后从中国引入日本的历史，展出了对日本葡萄发展有着杰出贡献的高野正诚和土屋龙宪的蜡像，见图9-14。

图9-14　葡萄博物馆
（左：介绍葡萄从中国传入的壁画；右：山梨县葡萄酒庄开拓者的蜡像）

博物馆还展示有山梨县葡萄发展的历史实物（包括生产工具、书籍、图画、契约等历史资料原件），以及播放一百多年前天皇参观葡萄采摘园及酿酒厂的画面，把参观者的思绪带到100年前的历史瞬间。见图9-15。

图9-15　葡萄博物馆
（左：100年前的葡萄著作《葡萄培养法》；右：记录葡萄商品交易的文书）

二、葡萄文化建筑

1.勝沼葡萄之乡火车站

搭乘乡间火车，来到山梨县勝沼葡萄之乡，火车站的名称即"勝沼葡萄之乡站"。

2015年9月初笔者到勝沼时，车站正在维修保养，站前完全用钢架组建的葡萄架建设施工已接近尾声，其精美可见一斑。2017年秋季笔者再次来到勝沼葡萄之乡火车站，当年栽植的葡萄已经挂满枝头，架下还摆放了橡木桶，与精美的葡萄架相衬托，葡萄之乡文化气息立即映入眼帘。见图9-16。

图9-16　勝沼葡萄之乡火车站
（左：火车站；右：火车站匾额"勝沼葡萄之乡站"）

来到"勝沼葡萄之乡站"，通过站台的廊道，墙壁上悬挂着印有当地葡萄采摘园名称及联系电话的广告板，也能看到有关当地各采摘园的参观指南介绍资料，使游客对当地葡萄有一个粗略的了解。见图9-17。

图9-17　勝沼葡萄之乡火车站

2. 葡萄桥

　　行走在山梨县勝沼葡萄之乡，其中心的葡萄桥非常引人瞩目。葡萄桥两侧护栏上镶嵌着由铜板铸造的葡萄图案，见图9-18，葡萄桥与两侧葡萄园融合在一起，远近交相辉映，美不胜收。

图9-18　葡萄桥

　　葡萄桥水泥引桥与护栏柱上浇筑着葡萄图案，结合周边一望不尽的葡萄园，让人立刻感受到葡萄之乡的文化气息。见图9-19。

图9-19　葡萄桥引桥和护栏柱

三、葡萄之乡风情

　　在勝沼葡萄之乡，村与村间及田间路面已经硬化，交通畅达舒适。道路排水设施完善，葡萄园四周无围栏，人类活动和葡萄生产自然和谐共存。见图9-20。

图9-20　葡萄之乡风光（左：远景；右：近景）

每到葡萄成熟时节，在葡萄之乡大小餐馆，每餐都会给客人提供一小碟葡萄供品尝，同时也会免费提供当地的葡萄酒，预示着来到了葡萄之乡。

街道上，会看到各采摘园的指示招牌，引导客人观光采摘。见图9-21。

图9-21　采摘园与酒庄引导牌

采摘观光者一般把车停放在葡萄架下临时停车场内，秩序井然。葡萄架下还有供游人休闲娱乐场所，见图9-22。

图9-22　采摘园

在山梨县胜沼葡萄之乡，类似于葡萄桥这样的文化场景很多。笔者在考察期间发现，胜沼葡萄之乡每村都有庙宇，相信那是种植葡萄的人们精神寄托的所在。见图9-23。

图9-23　种植葡萄的精神寄托（为葡萄丰收祈祷）

附录

附录一 ┃ 栽培葡萄收益概算范例（坂井县农林综合事务所咨询资料）

1.葡萄经营收益概算（面积：1 000m²）

	项目	金额（日元）	明细
	销售额	1 500 000	产量1.5t（合格率80%），1 250日元/kg
支出	肥料农药	40 500	肥料11 500日元，农药29 000日元
	光电动力费	12 500	燃料6 000日元，电力2 000日元，水管道4 500日元
	资材	21 000	绑扎带2 000日元，果袋8 000日元，绑扎丝7 000日元
	销售手续费	225 000	直销手续费15%
	设施折旧	470 000	大棚设施、葡萄架
	销售费	60 000	托盘55 000日元，透明膜2 000日元
利　润		671 000	

2.经营葡萄劳动时间概算（面积：1 000m²）

单位：h

月份 / 项目	1	2	3	4	5	6	7	8	9	10	11	12	合计
修剪												16	16
除草				2		2	2						6
施肥									1		3		4
植保				4	6	4	4			2			20

（续）

项目＼月份	1	2	3	4	5	6	7	8	9	10	11	12	合计
覆膜、去膜			20						4				24
灌水				2	2	2	2	2	2				12
新梢管理				8	24	12							44
果穗整形					35	30	10						75
激素处理					10	15							25
采收							45	50					95
其他						20				4		4	28
合计	0	0	20	16	77	85	63	52	7	6	3	20	349

附录二 ｜巨峰生产（加温、不加温及露地）经营与技术标准范例

1.概况

经营类型	劳动力	栽培模式与规模	经营管理与技术
大棚4 000m² 露地2 000m² 经营面积6 000m²	20人	巨峰（加温）2 000m² 巨峰（不加温）2 000m² 巨峰（露地）2 000m² 合计6 000m²	（1）加温栽培采用短梢修剪，无核化栽培。不加温栽培与露地栽培采用长梢修剪，无核化栽培 （2）加温栽培选用巨峰优系，脱毒苗木
经营目标		（1）农业总收入9 240千日元； （2）经营费7 219千日元； （3）收入2 021千日元； （4）人均年劳动时间1 161h； （5）人均日收入6 963日元	

2.装备及折旧（金额单位：千日元）

种类·规模	数量	类型·构造·性能	造价	使用年限（年）	年折旧
建筑设施	加温标准型AT连栋大棚（1 000m²）	2	连栋标准型，暖风机97kW，安装换风扇	15 476	8	1 934
	不加温标准型AT连栋大棚（1 000m²）	2	连栋标准型，安装换风扇	123 370	8	1 671
	葡萄架	6	平棚架铁支柱	5 846	14	418
	工作间	1	彩钢组装	2 838	24	118
	合计			37 530		4 142
农机具	轻型拖拉机	1	4WD	608	7	87
	小型运输车辆	1	2.2kW	159	7	23
	动力喷雾器	1	40.0MPa	177	7	25
	割草机	3	排气量20.9mL	126	7	18
	合计			1 070		153

3-1.巨峰加温栽培技术标准（1）（面积：1 000m²）

项目	栽培技术		作业体系					技术事项
	内容	时间	机械	人员	工时(h)	总工时(h)	资材	
间伐修剪	间伐、整枝、修剪	12月		1	32	32	绑扎带1卷	◎密植时按计划间伐。◎短梢修剪，若留基部2芽，应在第3芽位修剪，预防2芽干枯。主枝间距1.8～2.0m，侧枝间距18～20cm。
土壤改良	堆肥及其他用料	10月	拖拉机	2	5.5	11	堆肥2t，钾肥，生石灰100kg	◎根据土壤肥力施肥。◎施肥后树间需中耕。◎2～3年中耕1次。
生草管理	割草	3～7月	割草机	1	8	8	稻草	◎梅雨季节前主干周边覆盖稻草，预防土壤干燥。
	喷药除草剂	5月	动力喷雾器	2	1	2		◎除草剂的使用：1年控制在1次之内。◎选用药剂及使用方法需按照当地病虫害防治标准。
施肥	基肥 追肥 "月子肥"(礼肥)	10月 3月下旬 7月上旬	货车	1	6	6	复合肥(N：10%)80kg	◎施肥种类、数量需根据土壤肥力及树势等适当调整。◎施肥比例：基肥:追肥:月子肥=60:20:20。

（续）

项目	栽培技术		作业体系					技术事项
	内容	时间	机械	人员	工时(h)	总工时(h)	资材	
植保	喷雾	2~10月	动力喷雾器	2	11	22	1次用量300~500L	◎修剪后清园，降低病虫密度。◎农药必须安全使用。◎大棚内易发生药害，应注意药剂选择、用药时间等。
疏穗疏粒激素处理	整形	3月上旬		2	15	30		◎花序整形时间从花前7d到初花期，保留穗尖3~5cm，其余支梗去掉。◎开花前用链霉素1000倍（200mg/L）液喷雾，盛花期后3~5d GA₃浸蘸花序，盛花期后14d前后，（GA₃+CPPU）5mg/L浸蘸果穗。
	无核处理	3月中旬		2	12	24	链霉素液剂、赤霉素液剂	
	疏粒	4月上旬		2	14	28		◎结果过多是糖度低、着色不良的诱因，应根据地力及树势调整结果量。◎疏粒在浆果小豆到大小之间开展，疏去有核果，保留大的无核果。◎疏穗、疏粒指标为：4000~4500穗，单穗20~25粒。

（续）

项目	栽培技术		作业体系				资材	技术事项
	内容	时间	机械	人员	工时 (h)	总工时 (h)		
套袋	套袋	4月中旬		1	30	30	果袋4 500个	◎疏粒后应尽早套袋，避免病虫危害，也避免农药污染果面。
采收销售	采收筛选装箱销售	6月	货车	2	56	112	包装箱（1 kg），零售箱（1.2kg，4盘），色卡	◎采收标准：以糖度17%以上、色卡值8以上，含酸量适中为宜。 ◎午前温度低时采收为宜。 ◎对果实需轻拿轻放，勿碰伤果粉。 ◎销售包装：以1 kg包装箱80%、300g果盘20%分装。

3-1. 巨峰加温栽培技术标准（2）（面积：1 000m²）

项目	栽培技术		作业体系				资材	技术事项
	内容	时间	机械	人员	工时(h)	总工时(h)		
打破休眠	喷布破眠剂	12月上旬		1	3	3	石灰氮20kg	◎覆膜前破眠处理，促进萌芽。 ◎石灰氮20kg加水100L，12h后，采用上清液涂抹。
	芽伤	1月中旬		1	2	2	剪刀	◎石为了促进徒长枝萌芽，需对部分芽开展芽伤处理。
新梢管理	抹芽绑缚	2～4月		1	22	22	绑扎胶带1卷	◎石最终新梢标准数量8 000个，可根据树势调整。 ◎抹芽从新梢展叶到结果为止。 ◎新梢绑缚从40cm长开始，棚面均匀分配。 ◎石为了预防落花，展叶7～8片喷布生长抑制剂。
棚膜管理	覆外膜	1月上旬		4	8	32	外膜（厚0.1mm）： 7.0m×45m，4块； 2.7m×42m，2块； 内膜（厚0.075mm）： 7.0m×42m，4块； 2.7m×42m，2块。 使用3年	◎展叶后内幕揭开使新梢见光。 ◎硬核期后内幕应撤掉。 ◎当室外夜温超过15℃侧面膜可撤掉。

（续）

| 项目 | 栽培技术 | | 作业体系 | | | | 资材 | 技术事项 |
	内容	时间	机械	人员	工时(h)	总工时(h)		
	覆内膜	1月中旬		2	6	12		◎外膜在浆果采收后撤掉。
	去内膜	5月上旬		2	2	4		◎温度管理指标： 夜温(℃) 昼温(℃)
	去外膜	6月中旬		2	4	8		加温—萌芽 10~18 30
								萌芽—展叶 16~18 25
温度管理	加温	1月中旬	暖风机	1	43	43		展叶—开花 16 25~28
								开花期 18 25~28
								结实—硬核期 17~18 25~28
	换气	1月中旬至6月	换气扇、卷膜器					硬核期—采收期 15~18 25~28
								◎开花期最低气温高于18℃应尽可能防止落花。
								◎采收期临近，浆果含酸量高，应加大温差。

3-1. 巨峰加温栽培技术标准（3）（面积：1 000m²）

项目	栽培技术		作业体系					技术事项
	内容	时间	机械	人员	工时(h)	总工时(h)	资材	
水分管理	灌水	1～6月	灌水设施	1	10	10		◎应考虑土壤的保水能力，再决定灌水。 ◎水分管理指标（1 000m²）： 覆膜期：灌水50t以上； 加温—开花期：间隔5d灌水15～20t； 开花期：间隔5d灌水5～10t； 结实—硬核期：间隔5d灌水20～30t； 硬核期—采收期：间隔5d灌水10～15t。
其他	作业道、排水沟整理	1～12月		1	16	16		
合计						457		

3-2. 巨峰无加温栽培技术标准（1）（面积：1 000m²）

项目	栽培技术		作业体系					技术事项
	内容	时间	机械	人员	工时(h)	总工时(h)	资材	
间伐修剪	间伐、整枝、修剪	12月下旬至1月中旬		1	54	54	绑扎带1卷	◎密植时按计划间伐。 ◎保持主枝强势，预防树势衰弱。 ◎通过修剪维持合理的树势，培养优良的结果枝。 ◎结果母枝应均匀分配。 ◎结果母枝的数量指标为：树势强1.5个/m²，中庸2.1个/m²，弱3.0个/m²。
土壤改良	堆肥及其他用料	10月	拖拉机	2	5.5	11	堆肥2t、钾肥、生石灰100kg	◎根据土壤肥力施肥。 ◎施肥后树间需中耕。 ◎2~3年中耕1次。
生草管理	割草	3~7月	割草机	1	8	8	稻草	◎梅雨季节主干前主干边覆盖稻草，预防土壤干燥。 ◎除草剂的使用：1年控制在1次之内。 ◎选用药剂及使用方法需按照当地病虫害防治标准。
	除草剂	5月	动力喷雾器	2	1	2		
施肥	基肥	10月	货车	1	6	6	复合肥(N：10%)80kg	◎施肥种类、数量需根据土壤肥力及树势势等适当调整。 ◎施肥比例：基肥：追肥：月子肥＝60：20：20。
	追肥	5月上旬						
	月子肥	8月下旬						

（续）

项目	栽培技术		作业体系					技术事项
	内容	时间	机械	人员	工时(h)	总工时(h)	资材	
植保	喷雾	4~10月	动力喷雾器	2	10	20	1次用量300~500L	◎修剪后清园，降低病虫密度。◎农药必须安全使用。◎大棚内易发生药害，应注意药剂选择，用药时间等。
疏穗疏粒	整形	4月中旬		1	32	32		◎结果过多是糖度低、着色不良的诱因，应根据地力及树势调整结果量。
	疏粒	5月中、下旬		1	50	50		◎疏粒在浆果小豆到大豆大小之间开展，疏去有核果，保留大的无核果。◎疏穗、疏粒指标为：每1 000m² 4 000~4 500穗，单穗25粒。
套袋	套袋	5月下旬		1	30	30	果袋4 500个	◎疏粒后应尽早套袋，避免病虫危害，也避免农药污染果面。
采收销售	采收筛选装箱销售	7月中旬至8月上旬	货车	2	52	104	包装箱(1kg)，零售箱(1.2kg，4盘)，色卡	◎采收标准：以糖度17%以上，色卡值8以上，含酸量适中为宜。◎午前温度低时采收为宜。◎对果实需轻拿轻放，勿碰伤果粉。◎销售包装以1kg包装50%，300g果盘50%分装。

3-2. 巨峰无加温栽培技术标准（2）（无加温栽培面积：1 000m²）

项目	栽培技术		作业体系				资材	技术事项
	内容	时间	机械	人员	工时(h)	总工时(h)		
打破休眠	芽伤	1月中旬		1	2	2	剪刀	◎为了促进徒长枝萌芽，需对部分芽开展芽伤处理。◎采用石灰氮上清液涂抹。
新梢管理	抹芽绑缚	2~5月		1	22	22	绑扎胶带1卷	◎最终新梢标准数量8 000个，可根据树势调整。◎抹芽从新梢展叶到结果为止。◎新梢绑缚从内梢40cm长开始，棚面均匀分配。◎为了预防落花，展叶7~8片喷布生长抑制剂。
棚膜管理	盖外膜	2月中旬		4	8	32	外膜（厚0.1mm）：7.0m×45m，4块；2.7m×42m，2块	◎展叶后内幕要开闭使新梢见光。◎硬核期后内幕应除掉。◎当室外夜温超过15℃侧面膜可除掉。
	去外膜	7月上旬		2	4	8		◎外膜在浆果采收后除掉。

（续）

项目	栽培技术		作业体系				技术事项
	内容	时间	机械	人员	工时 (h)	总工时 (h)	资材
温度管理	加温	2月中旬至 7月上旬		1	43	43	◎昼温控制在25~28℃，夜温尽量保持。
	换气	2~7月	换气扇、卷膜器				◎开花期应注意预防灰霉病。 ◎大棚内湿度过高应努力通风。
水管理	灌水	1~6月	灌水设施	1	10	10	◎应考虑土壤的保水能力，再决定灌水。 ◎水分管理指标（1 000m²）： 覆膜期：灌水50t以上； 加温—开花期：间隔5 d灌水15~20t； 开花期：间隔5d灌水5~10t； 结实—硬核期：间隔5 d灌水20~30t； 硬核期—采收期：间隔5 d灌水10~15t。
其他	作业道、排水沟整理	1~12月		1	16	16	
合计						450	

3-3. 巨峰露地栽培技术标准（1）（露地栽培面积：1 000m²）

项目	栽培技术		作业体系					技术事项
	内容	时间	机械	人员	工时 (h)	总工时 (h)	资材	
间伐修剪	间伐、整枝、修剪。	12月下旬至1月下旬		1	54	54	绑扎带卷	◎密植时按计划间伐。 ◎保持主枝强势，预防树势衰弱。 ◎通过修剪维持合理的树势，培养优良的结果枝。 ◎结果母枝应均匀分配。 ◎结果母枝的数量指标为：树势强1.5个/m²，中庸2.1个/m²，弱3.0个/m²。
土壤改良	堆肥及其他用料.	10月	拖拉机	2	3.5	7	堆肥2t、钾肥、生石灰100kg	◎根据土壤肥力施肥。 ◎施肥后树间需中耕。 ◎2～3年中耕1次。
生草管理	割草	4~8月	割草机	1	8	8	稻草	◎梅雨季节主干周边覆盖稻草，预防土壤干燥。 ◎除草剂的使用：1年控制在1次之内。 ◎选用药剂及使用方法需按照当地病虫害防治标准。
	除草剂	6月	动力喷雾器	2	1	2		
施肥	基肥	11月	货车	1	6	6	复合肥(N：10%)80kg	◎施肥种类、数量需根据土壤肥力及树势适当调整。 ◎施肥比例：基肥：追肥：月子肥＝60：20：20。
	追肥	5月下旬						
	月子肥	9月上旬						

（续）

项目	栽培技术		作业体系				资材	技术事项
	内容	时间	机械	人员	工时(h)	总工时(h)		
植保	喷雾	2月下旬至12月	动力喷雾器	2	14	28	1次用量300~500L	◎套袋前那次衣药容易污染果面，应注意药剂种类、浓度，使用剂量。◎黑痘病、霜霉病等露地极易发生，需彻底防治。
疏穗疏粒	整形	5月下旬		1	32	32		◎结果过多是糖度低、着色不良的诱因，应根据地力及树势调整结果量。◎疏粒在浆果小豆到大豆大小之间开展，疏去有核果，保留大的无核果。◎疏穗、疏粒指标为：每1 000 m² 4 000~4 500穗，单穗25粒。
	疏粒	6月中、下旬		1	50	50		
套袋	套袋	6月中、下旬		1	30	30	果袋4 200个	◎疏粒后应尽早套袋，避免病虫危害，也避免衣药污染果面。
采收销售	采收筛选装箱销售	8月中旬至9月	货车	2	42	84	包装箱(1.2 kg，4盘)，色卡	◎采收标准：以糖度18%以上，色卡值8以上，含酸量适中为宜。◎午前温度低时采收为宜。◎对果实高温拿轻放，勿碰伤果粉。◎销售包装以300g包装100%分装。

3-3. 巨峰露地栽培技术标准（2）（露地栽培面积：1 000m²）

项目	栽培技术		作业体系				资材	技术事项
	内容	时间	机械	人员	工时 (h)	总工时 (h)		
新梢管理	抹芽 绑缚	4～6		1	20	20	绑扎胶带1卷	◎最终新梢标准数量8 000个，可根据树势调整。 ◎抹芽从新梢展叶到给果为止。 ◎新梢绑缚从40cm 长开始，均匀分配。 ◎为丁预防落花，展叶7～8片喷布生长抑制剂。
其他	作业道、排水沟整理	1～12月		1	16	16		
合计						337		

4. 巨峰栽培作业历

月份	1	2	3	4	5	6	7	8	9	10	11	12
加温栽培	∩→	↑ 绑枝	※ 整果穗	▽☆ 疏果	■	◆■ ∪ 施肥				施肥	土壤改良	整枝修剪
不加温栽培		∩	↑ 绑枝	※ 整果穗	▽ 疏果	☆	∪◆■■◆			施肥	土壤改良	整枝修剪
露地栽培	整枝修剪			↑ 绑枝	※ 整果穗	▽ 疏果	☆	■◆	◆ 施肥	土壤改良	施肥	

注：各生育期符号：↑=发芽；▽=套袋；※=开花；☆=开始着色期；■=收获；◆=销售；∩∪=上膜、去膜；→=开始加温。

附录三 ┃ 阳光玫瑰大棚栽培经营范例（日本农协资料）

1. 概况

项目	经营情况
面积	6 000m^2（必要土地面积7 000m^2）
设施、机械等投资额	大棚、灌水设施、施药机械、拖拉机等，预计2 600万日元
总劳动时间	全年2 030h，含雇佣劳动力
劳动力（临时雇佣劳动力）	2.5人（临时雇佣劳动力1.5人）
销售方式	批发

2. 收支计划（从事农业5年）

		项目	金额	明细
农业收入	①	面积	6 000m^2	
	②	每1 000m^{2}产量	1 500kg	
	③	单价	1 150日元/kg	
		合计（A）	10 350千日元	
必要支出	①	材料费	1 085千日元	肥料、农药等
	②	折旧费	1 861千日元	法定折旧计算
	③	劳动力	666千日元	全年雇佣劳动力740h
	④	销售	2 693千日元	手续费、运输费
		合计（B）	6 305千日元	
农业利润		（A）－（B）	4 045千日元	

3. 每月作业时间（面积：6 000m²，时间单位：h）

项目 ＼ 月份	1	2	3	4	5	6	7	8	9	10	11	12	合计
枝梢管理	36				72	48	12					36	204
施肥、土壤管理		12	9							30	72		111
植保	12		3	6	6	6	6			3			54
花果管理			1		150	300	228						678
灌水、覆草、除草				10	10	10	10	10	4	4			59
采收、包装、销售									510	90			600
覆膜撤膜			96	96			48						240
园内管理	24	24						12			24		84
总劳动时间	72	36	109	112	238	364	304	22	514	127	96	36	2 030
雇用劳动时间			28	32	71	148	134		299	28		36	740

附录四 | 阳光玫瑰避雨栽培经营范例

1.概况

项目		经营情况
	栽培模式	避雨栽培
	品种	阳光玫瑰
	栽培面积	$3\,000m^2$
	劳动力	2人
经营规模	阳光玫瑰	$3\,000m^2$
	其他葡萄	$5\,000m^2$
	合计	$8\,000m^2$

2.经营收支预算（以面积 $1\,000m^2$ 计）

项目		金额（日元）	备注
	主产物	2 108 000	$2\,000kg \times 1\,054$ 日元/kg
收入	副产物		
	其他		
	合计	2 108 000	
	种苗费	0	
	肥料费	45 285	
经营费	农药费	45 866	
	光热动力费	4 050	
	各资材费	40 412	

（续）

项目		金额（日元）	备注
经营费	小农具费	4.393	
	土地改良与水利设施费	3 000	
	租借费	0	
	物件税及学习费	8 500	
	雇佣劳动费	0	
	销售管理费	337 700	
	合计	489 206	
建筑设施	折旧费	103 877	
	修缮费	14 372	
农机具	折旧费	41 500	
	修缮费	7 870	
大树折旧费		5 444	
合计		662 269	
农业所得		1 445 731	
劳动时间（h）		336	
每天劳动所得		34 422	
所得率（%）		68.6	

备注：1.光热动力费指电费，柴油、水电等费用。

2.大树折旧费指政府回收大树要收取的资金。

3. 机械设备等资本折旧情况（单位：日元）

	种类	造价	使用年限（年）	年折旧费	负担率（%）	负担额	负担折旧
建筑设施	工作间（66m²）	3 564 000	24	148 500	12.5	445 550	18 563
	葡萄架（8 000m²）	4 159 200	14	297 086	12.5	519 900	37 136
	避雨设施（8 000m²）	3 600 000	14	257 143	12.5	450 000	32 143
	贮水槽（20t×2）	2 180 800	17	128 282	12.5	21 808	16 035
	合计	13 504 000				1 437 208	103 877
农机具	动力喷雾器（6ps）	224 000	7	32 000	12.5	28 000	4 000
	轻型拖拉机	1 000 000	4	250 000	12.5	125 000	31 250
	电动运输车（400kg）	350 000	7	50 000	12.5	43 750	6 250
	合计	1 574 000				196 750	41 500
	大葡萄树	588 000	36	16 333	33.33	5 444	5 444
	合计	588 000				5 444	5 444
	总计	15 666 000				1 829 938	150 821

备注：面积1 000m²。

4.不同项目的旬

项目＼月份		1	2	3	4	5	6
修剪	上旬						
	中旬	4					
	下旬						
新梢管理	上旬					4	4
	中旬					4	4
	下旬					4	4
施肥	上旬						
	中旬			0.5			0.5
	下旬						
除草	上旬						
	中旬				2	1	1
	下旬						
坐果管理	上旬						16
	中旬						16
	下旬					16	16
灌水	上旬				0.5	0.5	0.5
	中旬				0.5	0.5	0.5
	下旬			0.5	0.5	0.5	0.5
植保	上旬					2	2
	中旬				2	4	2
	下旬			2		2	2
覆膜撤膜	上旬				24		
	中旬						
	下旬						
套袋	上旬						
	中旬						
	下旬						
采摘销售	上旬						
	中旬						
	下旬						
合计	月	4	0	3	29.5	38.5	69.5

注：采收期9～10月。

作业时间（单位：h）

7	8	9	10	11	12	合计
					4	
					4	16
					4	
4	4	4				
4	4					52
4	4					
			6	1		8
1	1					6
16						80
0.5	0.5					
0.5	0.5					8
0.5	0.5					
2	2					
2			2			26
				8		32
12						12
		24	24			
		24				96
		24				
46.5	16.5	76	32	9	12	336

5.生产作业

项目	内容	时间	方法
修剪	修剪、枝条粉碎	12月上旬至1月上旬	短梢修剪
新梢管理	抹芽、定枝、摘心	5月上旬至9月上旬	抹芽、结果枝摘心、副梢摘心
施肥	土壤管理	9月上旬	全面撒施
	基肥	11月上旬	局部撒施
	追肥	3月中旬6月中旬	局部撒施
除草		4月中旬至8月上旬	平茬4次,割草1次
坐果管理	花序整形激素处理疏粒	5月下旬至7月上旬	剪去花序先端5cm激素处理2次每果50粒
灌水		3月下旬至8月上旬	灌水装置
植保	预防病虫害	3月下旬至10月中旬	14次
覆膜撤膜	盖膜撤膜	4月上旬11月中旬	防雨膜盖上除去
套袋	套袋	7月中旬	2 400个
采摘销售	采收、分级、包装、销售	9月上旬至10月上旬	采收、分级、包装、销售
合计			

技术规程

资材		农机具	人数	操作时间（h）	
种类	数量（kg）			机械	人员
剪子 锯子			2		16
剪子			2		52
农家肥 生石灰 磷肥	2 000 80 100		1		6
有机肥 镁肥	80 20		1		1
镁肥 钾肥	15 10		1		1
		割草机	1		6
剪刀 GA$_3$ CPPU			2		80
			1		8
杀虫剂 杀菌剂	8种 9种	喷雾器	2	21	26
农膜			2		32
果袋			2		12
包装箱 三角袋		货车	2	8	96
				29	336

图书在版编目（CIP）数据

日本葡萄高品质栽培技术手册/赵常青，蔡之博编著．—北京：中国农业出版社，2023.4
（专业园艺师的不败指南）
ISBN 978−7−109−26936−1

Ⅰ.①日⋯　Ⅱ.①赵⋯②蔡⋯　Ⅲ.①葡萄−品种−日本②葡萄栽培−日本　Ⅳ.①S663.1

中国版本图书馆CIP数据核字（2020）第099175号

中国农业出版社出版
地址：北京市朝阳区麦子店街18号楼
邮编：100125
责任编辑：孟令洋　国　圆　郭晨茜
版式设计：杜　然　责任校对：吴丽婷　责任印制：王　宏
印刷：北京缤索印刷有限公司
版次：2023年4月第1版
印次：2023年4月北京第1次印刷
发行：新华书店北京发行所
开本：880mm×1230mm　1/32
印张：8
字数：255千字
定价：68.00元
